하루쯤 나 혼자 어디라도 가야겠다

가볍게 떠나는
30가지 일상 탈출 여행법

하루쯤
나 혼자

어디라도
가야겠다

장은정 지음

북라이프
booklife

하루쯤 나 혼자 어디라도 가야겠다

1판 1쇄 발행 2021년 9월 28일
1판 17쇄 발행 2024년 11월 19일

지은이 | 장은정
발행인 | 홍영태
발행처 | 북라이프
등 록 | 제2011-000096호(2011년 3월 24일)
주 소 | 03991 서울시 마포구 월드컵북로6길 3 이노베이스빌딩 7층
전 화 | (02)338-9449
팩 스 | (02)338-6543
대표메일 | bb@businessbooks.co.kr
홈페이지 | http://www.businessbooks.co.kr
블로그 | http://blog.naver.com/booklife1
페이스북 | thebooklife
ISBN 979-11-91013-32-0 13980

온전히 나만의 하루가 필요한 날,

주저 없이 떠날 수 있는 여행이 되기를 바라며

일러두기

이 책에 실린 모든 정보는 2023년 6월까지 취재한 내용을 바탕으로 합니다.
운영 시간, 휴무일, 요금, 주차 여부, 대중교통 정보 등은 현지 사정에 따라 바뀔 수
있습니다. 특히 운영 시간은 자주 변동되니 여행을 떠나기 직전에 반드시 확인하시기
바랍니다.

본문에 나오는 기호의 뜻은 아래와 같습니다.

♠ 주소 📞 전화 ⊙ 운영 시간 ⊗ 휴무일 ₩ 요금 ⊕ 홈페이지 🅿 주차 가능 여부
⊙ 대중교통 이동 방법 ◐ 추천 코스 ⊕ 주변 볼거리

휴무일에서 명절은 설과 추석을 의미합니다. 요금은 일반 기준, 숙박료는 비수기 평일 1박
기준입니다. 대중교통 이동 방법에서 버스 정류장 이름은 띄어쓰기 없이 표기했습니다.

참고 문헌 《걷는 사람, 하정우》, 하정우, 문학동네

Prologue

처음으로 혼자 여행을 떠나기 전날 밤을 잊지 못한다.
설렘과 두려움이 뒤섞여 머릿속을 가득 채우던 하얀 밤이었다.

'내가 좋아하는 북 카페에서 실컷 책을 읽어야겠다. 숲길을 걷다가 벤치에 앉아 한없이
숲멍을 즐겨야지. 밥은 내가 먹고 싶을 때 먹고 싶은 것으로 천천히 오래오래 즐길 거야.
밤에는 좋아하는 영화를 보다가 스르르 잠들어야지.'
'그런데 혼자서 위험하지 않을까? 갑자기 휴대폰이 안 터지면 어쩌지? 그러다 길이라도
잃으면? 지갑을 잃어버리면 어떡하나? 혼자서 식당에 들어가 밥은 잘 먹을 수 있을까?
밤에 혼자 자는 건 위험하지 않으려나?'
설렘으로 시작해 두려움으로 끝난 그날 밤의 상념은 꼬리에 꼬리를 물고 내 머릿속을
돌아다녔다. 그러다 까무룩 잠이 들어 꿈속에서 길을 잃고 헤매기도 했고,
또 다른 꿈속에서는 혼자서 피자와 파스타를 잔뜩 시켜 놓고 와인까지 홀짝거리며
행복해하기도 했다.

마침내 떠난 내 생애 첫 번째 나 홀로 여행. 그 여행을 채 마치기도 전에 나는 혼자
떠나는 여행의 참맛을 알아 버린 행복한 여행자가 되었다. 머리카락이 다 헝클어지도록
바닷바람을 맞아도 좋았고, 다리가 아플 때까지 걷고 또 걸어도 행복했다. 자전거 타기
좋은 길이 나오면 망설임 없이 자전거를 빌렸고, 그러다 힘들면 쉬고 싶은 만큼 쉬었다.
식사는 그날 내가 먹고 싶은 것을 신중하게 골라 천천히 음미했고, 맘에 드는 카페를
발견하면 공간의 분위기와 음악에 취해 시간 가는 줄 모르고 앉아 있었다. 걷고 싶을
때 걷고 멈추고 싶을 때 멈추는 것, 내가 원하는 것에 귀 기울이고 내가 좋아하는 것에
집중하는 시간. 오로지 나를 위한 시간으로 채워진 그 여행을 통해 나는 나와 훨씬 더
가까워졌다.

해외여행이 까마득한 옛날 일처럼 여겨지면서 우리나라 구석구석을 찾아다니는 사람이 많아졌다. 이 책은 국내의 아름다운 곳 중에서 타인과의 접촉을 최소화하면서 혼자 조용히 둘러볼 수 있는 곳들을 담아냈다. 고요하고 온전한 쉼이 필요할 때, 천천히 걸으며 내면의 소리에 집중하고 싶을 때, 나만의 취향을 따라 특별한 여행을 즐기고 싶을 때, 현실을 잊어버릴 만큼 여행의 감성에 흠뻑 빠지고 싶을 때 등 혼자만의 여행이 필요한 순간에 도움이 되기를 바라는 마음으로 여행지를 선정했다. 코로나19 상황으로 그 어느 때보다 힘들고 어려운 취재였지만, 국내의 보석 같은 곳들을 카메라에 담으며 그 어느 때보다 뿌듯했다.

그러나 우리나라의 아름다움을 더 많은 사람이 알아주기를 바라면서 한편으로는 걱정도 되었다. 많은 사람에게 알려지는 것은 반가운 일이지만 '많은 사람'이 두려운 요즘이니 말이다. 그러니 부디 오랜만의 여행에 들떠 개인 방역에 소홀하는 일이 없기를 바란다. 너무 붐비는 곳은 다음을 기약하고, 타인과의 불필요한 접촉은 피하며, 습관처럼 화장실에 들러 손을 씻고 마스크를 자주 교체할 것. 그리고 마지막으로 타지에서 온 여행자를 그리 반가워하지 않는 현지인을 만나더라도 너그러이 이해해 주기를 바란다.

언젠가 다시 걱정 없이 자유로운 여행을 하는 그날까지, 나와 타인을 존중하는 건강한 여행자가 되기를 당부드린다.

2021년 여름. **장은정**

Contents

Part (1) 내 마음의 안식처를 찾아서

나를 회복하는 휴식 여행

Part 2

길 위에
길이 있다면

마음을 치유하는 걷기 여행

Part ③

봄날의 미술관을 좋아하나요?

취향 따라 떠나는 테마 여행

Part
24

지금 이 순간
마법처럼

시공간을 초월한 감성 여행

봄
春

광주 팔당호 벚꽃길 p.162

봄이 되면 만들어지는 벚꽃 터널을 따라
달리며 흩날리는 벚꽃잎을 감상하자.
세상이 분홍빛으로 보일 만큼 아름답다.

봄에는 어디를 가도 화사하지만,
오직 봄에만 마주할 수 있는
유난히 아름다운 풍경이 있다.
유독 짧게 느껴지는 봄에
이런 곳을 만나려면 좀 더
부지런해져야 한다.

제주 가파도 p.082

제주에 봄이 오고 4~5월 즈음이 되면
가파도에는 초록의 청보리가 물결친다.
싱그러운 봄의 소리에 귀 기울여 보자.

하동 차마실 p.254

4월 중순 이후에는 하동에서 찻잎 중 최고로
여기는 우전雨前을 맛볼 수 있다. 향긋한
햇잎이 일품이다.

계절 따라 떠나는 추천 여행지

여
름
夏

담양 죽녹원 p.114

쭉쭉 뻗은 대나무 그늘 아래, 바람이
댓잎을 흔드는 소리와 대나무 향이 오감을
자극하는 청량한 여름의 산책길이다.

뜨거운 태양이 내리쬐는
여름에는 시원한 바람이 부는
그늘 밑이 최고다. 남들 다 가는
바다와 계곡 대신 여름에 찾아야
그 진가를 제대로 느낄 수 있는
여행지로 떠나 보자.

강릉 안반데기 p.228

해발 약 1,100m에 자리해 한여름에도
서늘하게 느껴질 정도로 시원하며 밤하늘을
빼곡하게 채운 별이 절경을 이룬다.

제천 청풍호반케이블카 p.170

청풍호반케이블카를 타고 올라가 비봉산
전망대에서 바라보는 청풍호의 시원한 풍경은
마음까지 청량하게 만들어 준다.

가을 秋

1년 중 가장 화려하고 낭만적인 계절인 가을. 알록달록 단풍이 물들고 은빛 억새가 춤을 추는 곳으로 찬란한 가을을 맞으러 떠나 보자.

광주 화담숲 p.156

빛깔 곱기로 유명한 내장단풍을 비롯해 당단풍, 털단풍, 홍단풍, 청단풍 등 400여 종의 단풍을 한자리에서 만날 수 있다.

서울 하늘공원 p.090

가을이 되면 하늘공원 전체가 거대한 억새밭이 되어 꿈결 같은 은빛 군락을 이룬다. 해 질 녘 노을마저 장관이다.

신안 기점 · 소악도 p.122

바다 위로 길을 내어 그늘이 많지 않은 기점·소악도는 시원한 바람을 맞으며 걸을 수 있는 가을 여행이 제격이다.

여행은 언제 떠나도 즐겁지만, 한 계절의 특별한 매력을 뿜어내는 여행지를 선택한다면 그 즐거움은 배가된다. 봄부터 겨울까지 변화하는 계절을 따라 1년간의 여행 버킷리스트를 만들어 보는 것은 어떨까? 더 행복해질 나를 위해 조금 더 부지런을 떨어 보자.

겨울 冬

추운 겨울에는 "이불 밖은 위험해!"를 외치며 자꾸만 움츠러들지만, 겨울 특유의 공기와 분위기가 그리워 자꾸 떠나고 싶어진다. 든든하게 챙겨 입고 겨울의 낭만을 찾아 떠나 보자.

고성 바다 p.060

사람이 많지 않아 고요하고 그윽한 겨울의 고성 바다는 온전히 내 것이 되어 잔잔하게 마음을 다독여 준다.

공주 소도시 p.244

공주하숙마을의 뜨끈뜨끈한 한옥 방바닥에 엎드려 새콤한 귤을 까먹는 것은 겨울에 즐기는 재미 중 하나다.

순천 와온해변 p.066

숨 막히게 아름다운 와온해변의 노을을 보며 한 해를 돌아보고 다가오는 새해의 목표를 다짐하는 여행을 떠나 보자.

MBTI 유형별 추천 여행지

ISTJ
안정을 추구하는 신중한 타입

즉흥적이고 충동적인 것보다는 신중하고 철저한
당신은 여행지를 고를 때도 낯설고 특이한
곳보다는 안전하고 잘 알려진 곳을 선호하네요.
서울 한복판에 있어 교통이 편리하고 안전한
창경궁, 가까운 거리에 볼거리가 모여 있는
남원에서 체계적인 여행을 즐겨 보세요.

➡ **서울 창경궁 p.212**
➡ **남원시립김병종미술관 p.178**

ISTP
새로운 것에 목마른 여행자

틀에 박힌 것은 좋아하지 않는 당신은 호기심이
많고 때론 모험과 스릴을 즐기기도 하는군요.
조용한 자유로움을 추구하는 당신에게는
좋아하는 분야의 책 속을 탐험하는 서울의 책방
여행, 바다가 보이는 유일무이한 영화관이 있는
사천 여행을 추천합니다.

➡ **서울 프라이빗 책방 p.148**
➡ **사천 메가박스 삼천포 p.186**

ISFJ
배려심 넘치는 이타주의자

다정하고 섬세한 타입인 당신은 다른 사람을
배려하느라 정작 내가 원하는 것은 포기할 때가
많습니다. 국립횡성숲체원에서 내면의 소리에 귀
기울이거나 파주 라이브러리스테이 지지향에서
감성을 채워 주는 책과 하룻밤을 보내며 가끔은
나만을 위한 시간을 가져 보세요.

➡ **국립횡성숲체원 p.044**
➡ **파주 라이브러리스테이 지지향 p.036**

ISFP
힐링이 필요한 성인군자

따뜻하고 온화한 당신은 상황 대처 능력이
뛰어나지만 감정을 솔직하게 표현하지 못하는
일도 많습니다. 혼자서 감정을 삭이느라
힘들었던 나를 위해 순천 와온해변의 황홀한
일몰이나, 서울 하늘공원의 억새밭과 노을을
보며 자연이 주는 감동과 힐링을 체험해 보세요.

➡ **순천 와온해변 p.066**
➡ **서울 하늘공원 p.090**

사람의 성격을 16가지 유형으로 분류한 MBTI는 그 결과를 100% 신뢰할 수 있는 것은 아니지만 나를 들여다보는 듯한 분석을 마주하면 소름이 돋기도 한다. 나를 파악하고 나의 성향에 맞는 장소를 찾아 훨씬 더 의미 있고 기억에 남는 여행을 만들어 보자.

INTJ
여행지를 분석하는 플랜맨

분석과 계획, 사색을 좋아하는 당신은 여행지에 대한 정보를 자세히 살펴보며 역사와 문화까지 미리 파악하는 편이죠. 꼼꼼하고 치밀한 당신에게는 유적지와 볼거리, 먹을거리가 넘쳐나는 경주, 차밭에서 혼자만의 시간을 만끽할 수 있는 하동을 추천합니다.

➜ **경주 대릉원 p.074**
➜ **하동 차마실 p.254**

INTP
고독을 즐기는 이상주의자

당신은 호기심과 상상력이 풍부해 자신의 이상적인 여행을 스스로 만들어 나갑니다. 혼자만의 시간을 중요하게 생각하며 고독을 즐기는 당신에게는 겨울 바다의 적막을 제대로 느낄 수 있는 강원도 고성, 고립된 섬을 돌아보는 신안 기점·소악도의 섬티아고를 추천합니다.

➜ **고성 바다 p.060**
➜ **신안 기점·소악도 p.122**

INFJ
내면의 평온을 추구하는 평화주의자

자신보다 타인을 먼저 살피는 이타적 평화주의자인 당신은 마음의 평화를 안겨 주는 여행지를 선호합니다. 자연 속에서 힐링할 수 있는 홍천 힐리언스 선마을, 캄캄한 전시관에서 자연의 아름다움을 만끽하는 제주 아르떼뮤지엄에서 차분한 여행을 즐겨 보세요.

➜ **홍천 힐리언스 선마을 p.052**
➜ **제주 아르떼뮤지엄 p.262**

INFP
지적 호기심이 풍부한 사색가

감성적이면서도 호기심이 많은 성향인 당신은 혼자만의 시간을 즐기지만 고립을 원치 않습니다. 조용한 사색을 좋아하고 지적 호기심이 강한 당신에게는 바다와 함께 걸으며 깊은 사색에 빠질 수 있는 제주 가파도와 백제 역사가 곳곳에 숨어 있는 부여를 추천합니다.

➜ **제주 가파도 p.082**
➜ **부여 백제문화단지 p.236**

ESTP
모험과 도전을 즐기는 진취적인 타입

모험을 즐기며 뛰어난 상황 대처 능력을
가진 당신은 도전 정신이 높은 편입니다. 나 홀로
여행지 중 비교적 난도가 높아 여행 후 성취감이
큰 강릉 안반데기의 별 관측, 도장 깨기 하듯 인기
빵집의 빵을 하나하나 맛보며 탐방하는
부산 남천동의 빵지 순례로 능동적인
여행을 즐겨 보세요.

➡ **강릉 안반데기 p.228**
➡ **부산 남천동 p.194**

ESFP
스포트라이트를 즐기는 핵인싸

낙천적이고 영혼이 자유로운 타입인 당신은
행복을 따라 즉흥적으로 떠나는 여행을
좋아하며 핫 플레이스와 먹킷리스트를 중요하게
생각합니다. 핵인싸라 부를 수 있는 당신에게는
예쁘고 핫한 카페와 식당, 볼거리가 모여 있는
공주, 인생 사진을 남길 수 있는 광주 팔당호
벚꽃길을 추천합니다.

➡ **공주 소도시 p.244**
➡ **광주 팔당호 벚꽃길 p.162**

ESTJ
계획에 살고 계획에 죽는 프로 계획러

구체적이고 현실적이며 애매모호한 것을
싫어하는 당신은 자신만의 기준으로 빈틈없이
계획한 여행을 좋아하는 편입니다.
역사와 자연을 찾아 나서는 인천 강화나들길과
1,400년 역사가 담긴 부여 백제문화단지 같은
확실하게 검증된 여행지에서 시간을
빈틈없이 꽉 채워 보내세요.

➡ **인천 강화나들길 p.106**
➡ **부여 백제문화단지 p.236**

ESFJ
감수성이 풍부한 리액션 부자

당신은 공감 능력이 뛰어나 사소한 일에도
크게 감동하고 그에 따른 리액션도 확실한
타입입니다. 감수성이 풍부하고 사랑이 넘치는
당신에게는 절로 감탄사가 나오는 가을
단풍 시즌의 광주 화담숲과 호수와 주변의
수려한 풍경을 보며 감성을 채울 수 있는 포천
산정호수를 추천합니다.

➡ **광주 화담숲 p.156**
➡ **포천 산정호수 p.098**

ENFJ
알고 보면 마음 약한 스타일

리더십과 추진력이 뛰어난 타입의 당신은 똑
부러지는 이미지에 친화력이 좋고 책임감도
높지만 의외로 마음이 약해 상처를 잘 받습니다.
제주 곳곳에 숨어 있는 책방과 문구점을 돌며
마음을 다독이는 선물을 하거나 홍천 힐리언스
선마을에서 스파와 명상, 요가 등으로 상처받은
마음을 치유해 보세요.

➜ **제주 동네 책방과 문구점** p.202
➜ **홍천 힐리언스 선마을** p.052

ENFP
즉흥적인 행동파 에너자이저

당신은 창의적이고 즉흥적이며
에너지가 넘치는 유형입니다. 타인에게 자신을
드러내기를 즐기는 만큼 도심 속 한옥에서 수십
장의 인생 사진과 나만을 위한 일러스트까지
남길 수 있는 서울의 응정헌과 넘치는 에너지를
가라앉히고 차분하게 나를 돌아볼 수 있는
제주 비자림을 추천합니다.

➜ **서울 응정헌** p.028
➜ **제주 비자림** p.138

ENTJ
체계적이고 주관이 뚜렷한 활동가

당당하고 체계적이며 완벽주의 성향인
당신은 효율적으로 여행하는 것을 즐깁니다.
활동적이면서 호불호가 뚜렷한 만큼
흰여울길을 따라 멋진 볼거리와 카페,
맛집을 모두 만날 수 있는 부산 영도와
대나무 향을 맡으며 심신을 치유할 수 있는
담양 죽녹원을 추천합니다.

➜ **부산 흰여울길** p.130
➜ **담양 죽녹원** p.114

ENTP
새로운 것을 찾아 떠나는 개척자

당신은 새로운 도전을 즐기는 모험가 타입으로
지루한 것을 싫어하고 다양한 분야에 관심이 많은
활기찬 성향입니다. 제천의 청풍호반케이블카에서
바닥이 투명한 크리스털 캐빈을 타며 스릴을
즐기거나 양주 국립아세안자연휴양림에서 다양한
나라의 전통 가옥을 둘러보며 해외여행을 떠난
듯한 기분을 느껴 보세요

➜ **제천 청풍호반케이블카** p.170
➜ **양주 국립아세안자연휴양림** p.220

나 홀로 여행 초보자를 위한 팁

혼자서도 즐거운 여행 계획하기

혼자 떠나는 여행을 주저하게 만드는 것 중 하나는 '과연 나 혼자서도 재미있을까? 심심하지 않을까?' 하는 걱정이다. 혼자 보내는 시간이 익숙하지 않아 어디를 가고 무엇을 해야 할지 고민이라면 여행 테마나 메인 여행지 하나를 정해 움직일 것을 권한다. 책, 카페, 맛집, 미술관, 숲, 트레킹 등의 여행 테마나 꼭 가고 싶은 여행지 하나를 선정하고, 여유 있게 주변 볼거리 한두 곳을 동선에 맞춰 계획한다면 혼자서도 충분히 알찬 시간을 보낼 수 있다. 혼자인 만큼 유동적으로 움직일 수 있도록 너무 많은 것을 계획하지 않는 것이 오히려 여행의 만족도를 높일 수 있는 방법이다. 혼자만의 시간을 즐기기 위한 책 한 권이나 끄적거릴 수첩을 가져가는 것도 추천한다.

나를 지키는 안전한 여행법

당연한 말이지만 너무 외진 장소나 너무 늦은 시간대에 움직이는 것은 피해야 한다. 여행지에서 만난 사람들과 친해지는 것도 좋지만 적당한 경계심은 가져야 한다. 가족이나 친구들에게 행선지와 예약한 숙소를 알려 주고 수시로 연락하며 상황을 알린다. 또 코로나19 상황에 맞춰 수시로 몸 상태를 체크하고, 마스크 상시 착용과 손 청결 유지에 힘쓴다. 떠나기 전, 여행지에 대해 충분히 검색하고 정보를 알아 두는 것도 중요하다. 네이버 지도나 카카오맵 로드뷰를 활용해 온라인 사전 답사를 해보는 것도 좋은 방법이다.

이제는 흔해진 1인 식사 문화

불과 몇 년 전까지만 해도 혼자서 밥 먹는 사람을 신기하게 쳐다보거나 수군거리는 일이 종종 있었다. 하지만 '혼밥', '혼행', '혼술' 등이 트렌드처럼 번지며 더는 신기하지도, 이상하지도 않은 일이 되었으니 타인의 시선을 의식할 필요 없다. 처음 한두 번의 어색함만 이겨 낸다면 맛에 집중하며 나의 속도에 맞춰 먹는 식사를 즐기게 될지도 모른다. 코로나19 상황에서는 자연스럽게 사회적 거리 두기도 지킬 수 있다. 1인분을 팔지 않는 식당에 갔을 때는 당당하게 2인분을 주문하고 남은 음식은 포장해 달라고 하면 된다.

혼자 떠나는 여행이 처음인 당신을 위해 걱정 없이 안전하게 떠나기 위한 나 홀로 여행 팁을
알려 준다. 다른 여행보다 두 배, 세 배로 꼼꼼하게 준비한다면 혼자 즐기는 법을 터득하고
나만을 위한 시간을 만끽하는 행복한 여행자가 될 수 있을 것이다.

혼자 묵기 좋은
숙소 고르는 법

혼자 저렴하게 묵기 좋은 숙소 유형으로 게스트하우스와
비즈니스호텔, 모텔, 민박 등이 있으며 숙박 예약 플랫폼 중
여기어때(www.goodchoice.kr)와 야놀자(www.yanolja.com) 등에서
국내에 특화된 다양한 숙소 정보를 얻을 수 있다. 해당 플랫폼에서
사진과 리뷰를 꼼꼼하게 살펴 안전과 위생에 문제가 없고 방역 수칙을
잘 지키는 숙소인지 확인하자. 숙소를 선택할 때는 정확한 위치를
파악해 기차역, 지하철역, 버스터미널, 버스 정류장 등에서의 이동
시간과 경로까지 고려해야 한다. 중심지에서 너무 멀거나, 외진 곳에
위치한 숙소는 선택에서 제외하는 것이 좋다.

지방 소도시의
대중교통 이용법

규모가 작은 지방 소도시의 시내버스는 배차 간격이 도시에 비하면
매우 긴 편이다. 하지만 정확한 시각에 운행되기 때문에 시간만 잘
맞춘다면 어렵지 않게 이용할 수 있다. 운행 시각은 정류장에 붙어
있는 시간표가 가장 정확하다. 시청이나 군청과 같은 해당 지역의 공식
홈페이지에 시간표를 공지하는 경우도 있으니 미리 들어가 확인해
보자. 정류장 정보는 스마트폰 지도 앱으로 확인하고, 그 지역의 콜택시
회사 전화번호를 미리 검색해 저장해 두는 것도 좋은 방법이다. 지방의
작은 마을 어디서나 교통카드를 사용할 수 있다.

혼자서
렌터카 이용하기

혼자 운전하는 것에 대한 부담만 없다면 렌터카는 가장 빠르고 안전한
교통수단이다. 렌터카 업체는 사고 처리 능력과 사후 조치, 보험 처리
등을 확인해 검증된 업체를 선택하는 것이 좋으며, 차량 내부 소독
같은 방역 지침을 지키고 있는지도 확인한다. 출발 전에는 차량의
앞·뒤·옆면을 구석구석 촬영해 차량 상태를 살핀다. 차량 수령 시
엔진 상태, 연료, 이동 거리 등을 체크할 수 있도록 계기판도 촬영하고
계기판의 경고등이 표시된 것은 없는지 확인해야 한다. 시동이 걸려
있는 상태라면 끄고 다시 시동을 걸어 문제가 없는지 꼭 확인하자.
평소 자주 사용하는 스마트폰 내비게이션 앱을 사용할 수 있도록 차량
연결용 케이블, 차량용 거치대, 보조 배터리 등을 준비하면 훨씬 더
편하게 렌터카를 이용할 수 있다.

내 마음의
안식처를 찾아서

나를 회복하는 휴식 여행

한옥에서 고즈넉한 하루

서울 응정헌

- 한옥스테이

- 한옥마을

한옥 한 채를 짓는 데는 평균적으로 6개월에서 1년 가까운 시간이 걸린다고 한다. 오랜 시간을 들여 한땀 한땀 정성껏 지은 한옥은 마치 영혼이 깃든 듯 숭고하다. 잠시라도 한옥에 머물 때면 왠지 모르게 마음이 차분하고 편안해지는 것은 한옥이 품은 시간과 정성 때문이 아닐까. 흙과 나무, 돌, 종이 등 자연으로부터 비롯된 것들로 채워진 공간은 그곳에 머무는 사람과 공기와 시간마저도 편안하게 어루만진다.

2019년에 문을 연 은평한옥마을의 응정헌은 1층 일부와 2층 전부를 한 팀이 단독으로 사용할 수 있는 게스트하우스다. 고즈넉한 한옥의 멋을 잃지 않으면서도 손님이 불편함 없이 머물 수 있도록 현대식 시설을 갖추었다. 응정헌은 주인 부부의 이름에서 한 글자씩을 따와 지은 이름이며 따뜻하고 다정한 그들을 닮은 예쁘고 편안한 공간이다. 1층과 2층 마루에 앉아 맹꽁이 습지와 북한산을 조망하며 '숲멍'을 즐길 수 있고, 뒷마당에는 오직 나만을 위한 피크닉이 준비되어 있다. 솜씨 좋은 주인장이 직접 만든 다과에 미술을 전공한 딸의 센스가 더해져 나도 모르게 카메라를 꺼낼 정도로 보기 좋게 상을 차려 준다. 최근 새로 설치했다는 빔 프로젝터와 누마루의 안전 펜스, 열심히 발품 팔아 가며 준비한 식기와 소품 등 응정헌 구석구석에는 손님들이 이곳에서 조금이라도 더 행복해지길 바라는 진심이 묻어난다.

피크닉을 마치고 2층으로 올라가면 이제 완벽한 나만의 휴식을 즐길 시간이다. 구석구석
예쁘게 꾸민 공간을 둘러보고 나서 향긋한 차 한 잔을 들고 누마루에 앉았다. 도심 속 한옥의
누마루에서 산을 바라보며 누리는 여유로운 시간이라니. 비현실적인 이 시간이 꿈만 같아 괜히
배시시 웃음이 났다. 저녁이 되자 어디선가 들려오는 풀벌레와 맹꽁이 소리에 도시에서 먼
곳으로 떠나온 것만 같은 기분이 들어 마음이 더 설레었다. 연둣빛 새순이 돋고, 단풍이 물들고,
하얀 눈꽃이 피는 계절의 응정헌은 어떤 모습일까. 언젠가 불현듯 아늑한 한옥이 그리워지면
이곳에서의 쉼을 떠올리며 마음을 달래야겠다.

투숙객이라면 누구나 응정헌을 배경으로 찍은 사진에 일러스트를
그려 넣은 선물을 받을 수 있다. 응정헌에 머물며 찍은 사진 중
마음에 드는 것을 하나 골라 주인장 휴대폰으로 전송하면 딸이
그린 일러스트로 사진을 장식해 보내준다.

📍 서울시 은평구 연서로50길 19
📞 010-5751-3270
🆆 2인실 300,000원
　　※네이버 예약 이용

🔘 blog.naver.com/pobe0128
🅿 응정헌 앞 공터 또는
　　한문화공영주차장 이용

📍 지하철 3·6호선 연신내역 3번 출구 앞 정류장에서 701·7211번 버스 탑승
　　후 하나고·진관사·삼천사입구 하차, 도보 5분
🔵 은평역사한옥박물관 → 진관사 → 응정헌

도심 속 작은 휴식처 은평한옥마을

북한산 자락 아래 150여 채의 한옥이 모여 있는
은평한옥마을은 도심에서 한옥이 주는 마음의 안정과
평안을 느낄 수 있는 곳이다. 2012년에 개발하기 시작하고
2015년부터 본격적인 입주가 시작되어 지금에 이르렀다.
1인1잔, 롱브레드, 북한산 제빵소 등 유명 카페들이 모여
있어 이곳을 구경하러 오는 사람도 많다. 따스하고 운치 있는
골목을 배경으로 멋진 사진을 남기기 좋다. 또 계절마다
변화하는 북한산 풍경에 따라 마을 분위기도 달라진다.

🏠 서울시 은평구 진관동 193-14 🌐 eptour.kr 🅿 가능 🚇 지하철
3·6호선 연신내역 3번 출구 앞 정류장에서 701·7211번 버스 탑승 후
하나고·진관사·삼천사입구 하차

은평의 모든 것 은평역사한옥박물관

조선 시대에 은평은 각 나라의 사신이 드나들고 역참을
이용해 군사정보를 전달하던 교통과 통신의 요지였다. 수많은
사람과 이야기가 오갔던 길 아래에서 수천여 점의 유물과
부장품이 출토되었고, 이 유물은 은평역사한옥박물관에
전시되어 있다. 3층에 있는 한옥전시실에서는 한옥의 역사와
현대 한옥의 요소에 대해 알 수 있다. 전통과 현대가 어우러진
은평한옥마을의 특성을 이해할 수 있는 곳이다. 3층에서
연결되는 한옥전망대에 오르면 북한산이 병풍처럼 뒤로 서
있는 가운데 고즈넉하게 자리한 은평한옥마을을 한눈에
조망할 수 있다.

🏠 서울시 은평구 연서로50길 8 📞 02-351-8523~4 🕐 09:00~18:00
※1시간 전 입장 마감 ❌ 월요일(공휴일인 경우 화요일 휴무), 1월 1일, 명절
연휴 💰 1,000원 🌐 museum.ep.go.kr 🅿 가능 🚇 지하철 3·6호선 연신내역
3번 출구 앞 정류장에서 701·7211번 버스 탑승 후 하나고·진관사·삼천사입구
하차, 도보 2분

독립운동의 정신이 깃든 사찰
진관사

🏠 서울시 은평구 진관길 73
📞 02-359-8410　💲 무료
🌐 www.jinkwansa.org　🅿 가능
📍 지하철 3·6호선 연신내역 3번 출구
앞 정류장에서 701·7211번 버스
탑승 후 하나고·진관사·삼천사입구
하차, 도보 15분

북한산 서쪽 자락 진관동 계곡에 자리 잡은 사찰로 고려 현종 때부터 1,000년이 넘는 역사를 간직한 고찰이다. 조용했던 진관사가 유명해진 것은 2009년의 일이다. 경내의 기도 장소인 칠성각의 해체 및 보수 공사 중 독립운동 당시 발행한 <독립신문>과 빛바랜 태극기가 발견되었는데, 독립운동을 하던 백초월 스님이 3·1운동 당시 실제로 사용한 태극기로 밝혀지며 세간을 놀라게 했다. 일장기에 청색을 덧칠하고 건곤감리를 그려 넣은 이 태극기에는 일제의 탄압에 대한 강력한 저항 정신과 애국심이 그대로 전해져 절로 숙연해진다. 사찰 내의 고즈넉한 찻집 연지원과 더불어 시원하게 흐르는 진관사 계곡, 은평한옥마을과 연결된 북한산 둘레길 9구간(마실길 코스)도 꼭 둘러보길 권한다.

한옥 전망의 고즈넉한 카페 **1인1잔**

북한산 자락 아래 은평한옥마을 초입에 자리한 전망 좋은 카페다.
5층짜리 건물의 1·2·5층에는 카페 1인1잔이, 4층에는 퓨전 한식
레스토랑 1인1상이 자리해 있다. 이곳을 제대로 즐기려면 한옥
콘셉트로 꾸민 5층으로 가야 한다. 은평한옥마을이 내려다보이는 마루에
신발을 벗고 편하게 앉아 예쁜 소반에 차려진 차와 떡을 즐길 수 있다. 날씨가
좋은 날에는 루프톱에 올라가 보자. 시원한 바람을 맞으며 산세가 어우러진 풍경의
탁 트인 전망을 만날 수 있다.

⌂ 서울시 은평구 연서로 534 ☎ 02-355-1111 ⊙ 10:00~21:00 ✕ 월요일 Ⓟ 가능 ⊕ 은평역사한옥박물관

은평한옥마을을 바라보며 즐기는 브런치 **롱브레드**

식사할 곳이 그리 많지 않은 은평한옥마을의 유일한 브런치
카페다. 파니니, 연어아보카도샐러드, 샌드위치, 에그베네딕트,
슈림프파스타 등을 하루 종일 즐길 수 있다. 2층의 커다란 창 너머로는
은평한옥마을이 그림처럼 펼쳐진다. 평일에도 점심시간에는 테이블이
꽉 찰 정도로 인기가 좋은 곳이니 전망 좋은 명당자리를 차지하려면 조금
서두르는 것이 좋다.

⌂ 서울시 은평구 연서로 530 ☎ 02-352-7290 ⊙ 10:00~20:00 ✕ 명절 당일 Ⓟ 가능 ⊕ 은평역사한옥박물관

책과 함께 잠드는 밤

파주 라이브러리스테이 지지향

북스테이 #

독서 #

책이 가득한 곳에서 읽고 싶은 책을 밤새도록 탐독하다가 어느새 책에 파묻혀 잠들고 눈뜨는 것은 책을 좋아하는 사람이라면 누구나 한 번쯤 가져 본 로망일지도 모른다. 어린 시절 꿈꾸었던, 장난감 가게에서 놀다 그대로 잠들고 아침에 눈뜨자마자 또 다른 장난감을 가지고 원 없이 놀아 보고 싶었던 마음과 비슷하지 않을까.

장난감 가게에서 계속 놀고 싶었던 어린 시절의 꿈은 이루지 못했지만, 서점이나 도서관처럼 책으로 가득 찬 곳에서 머물고 싶다는 꿈은 파주의 라이브러리스테이 지지향에서 이뤘다. 지지향은 '종이의 고향'이라는 의미로 이름처럼 종이 책으로 가득한 곳에서 숙박할 수 있는 호텔이다. 파주출판도시 공동의 서재 지혜의숲과 같은 건물에 위치한다. 투숙객 전용 라운지는 24시간 운영해 읽고 싶었던 책을 쌓아 놓고 밤새도록 읽을 수 있다. 오랫동안 앉아도 편안한 의자가 있고, 집중하기 좋은 조용한 음악이 흐른다. 우드 톤의 따뜻한 느낌으로 꾸민 객실은 읽을 만한 책 몇 권이 TV를 대신한다. 객실 전망도 훌륭해 심학산과 문발천, 멀리 한강까지 보인다.

○ 경기도 파주시 회동길 145, 2층
● 031-966-0090
● 2~3인실 77,000~88,000원
　　(조식 별도)

● www.jijihyang.com
● 가능

● 지하철 2·6호선 합정역 1번 출구 앞 정류장에서 200·2200번 버스 탑승 후
　　은석교사거리 하차
● 라이브러리스테이 지지향 → 지혜의숲 → 미메시스 아트 뮤지엄

평소 읽어 보고 싶었던 책이 눈에 띄어 반가운 마음으로 읽고, 우연히 보석 같은 책을 발견해 감사한 마음으로 읽었다. 커피를 마시며 책을 읽고, 출출해지면 밥을 먹고 동네를 산책한 뒤 다시 돌아와 책을 읽다가 잠드는 밤. 책의 숲에서 보낸 선물 같았던 그 밤은 짧게만 느껴지고 아직 읽지 못한 책들이 눈에 밟힌다. 일상에서 벗어나 나만의 공간에서 책과 함께 고요한 밤을 보내고 싶을 때 다시 이곳을 찾아야겠다.

라이브러리스테이 지지향이 있는 파주출판도시에는 승효상, 민현식, 김영준, 김종규 등 우리나라 대표 건축가들이 설계한 건축물이 모여 있다. 건축에 관심 많은 사람들이 일부러 찾아오는 곳이기도 하니 건물 사이를 천천히 산책하며 파주출판도시의 아름다움을 느껴 보자.

힐링의 도서관
지혜의숲

○ 경기도 파주시 회동길 145
○ 031-955-0082
○ 10:00~20:00
○ forestofwisdom.or.kr
○ 가능 ○ 지하철 2·6호선 합정역 1번
출구 앞 정류장에서 200·2200번 버스
탑승 후 은석교사거리 하차

2014년 문화체육관광부 후원으로 조성되어 가치 있는 책을
한데 모아 보존하고 관리하는 곳으로 많은 사람이 편안하게
이용할 수 있는 공동의 서재다. 지혜가 가득한 책으로 숲을
만든다는 의미로 지혜의숲이라 이름 붙였다.
지혜의숲 1은 학자, 지식인, 연구소 등에서 기증한 책을
소장한다. 기증자의 연구 분야에 따라 문학, 역사, 과학, 철학,
예술 등 다양한 분야와 시대의 인문학 도서가 비치되어 있다.
우리나라를 대표하는 출판사들이 기증한 책으로 채워진
지혜의숲 2는 각 출판사의 역사와 더불어 베스트셀러와
신간을 만날 수 있다.
집중이 잘되는 이런 곳에서라면 어떤 책을 읽어도 머리에
쏙쏙 들어와 지혜로워질 것만 같다. 맘에 드는 책 몇 권
집어 들고 몇 시간이고 머물고 싶은 곳이다. 책을 사랑하는
사람에게 이보다 더 좋은 힐링이 또 있을까.

거대한 조각 작품
미메시스
아트 뮤지엄

세계적 건축가 알바로 시자Álvaro Siza가 설계한 미술관으로 건물 자체가 하나의 작품이다. 초록 잔디와 파란 하늘을 배경으로 곡선과 직선이 어우러진 새하얀 건축물은 멀리서 보면 한 폭의 그림이 되고, 가까이 다가가 보면 거대한 조각 작품이 된다. 곡선과 직선, 면과 덩어리 등의 요소가 모여 유연한 형태를 만들어 내고, 불규칙하게 뚫린 창을 통해 들어오는 빛은 공간에 깊이를 더한다. 인공조명을 최대한 배제하고 자연의 빛으로 내부를 밝혀 은은하고 차분하면서도 따뜻한 분위기다. 건물이라는 작품 안에 또 다른 작품을 전시하는 특별한 갤러리라 할 수 있다. 이곳을 운영하는 출판사 열린책들의 책을 비치한 1층 북 카페도 함께 즐기기 좋다.

🏠 경기도 파주시 문발로 253
📞 031-955-4100 🕐 11~4월
10:00~18:00, 5~10월
10:00~19:00 ❌ 월요일 ₩ 5,000원
🌐 mimesisartmuseum.co.kr
🅿 가능 🚇 지하철 2·6호선 합정역
1번 출구 앞 정류장에서 200·2200번
버스 탑승 후 심학교 하차

북스테이의 마침표 나인블럭 출판도시점

나인블럭은 스페셜티 생두를 로스팅한 커피와 좋은 재료로
만든 파니니, 브런치 플래터, 디저트 등을 파는 곳으로
팔당, 김포, 헤이리, 가평 등 경치 좋고 공기 좋은 곳에
큼직하게 자리한 프랜차이즈 카페다. 다른 지점과 차별화된
출판도시점만의 장점은 책이다. 지혜의숲과 같은 건물에
있어 책을 읽다가 커피가 생각나거나 출출할 때 쉽게 들를
수 있다. 문발천이 보이는 전망 좋은 창가에 앉아 브런치를
즐기며 치치향의 북스테이를 마무리하기에도 더없이 좋다.
재료를 아낌없이 넣은 푸짐한 파니니와 커피 맛도 훌륭하다.

📍 경기도 파주시 회동길 145 📞 031-955-0072
🕐 10:00~20:00 🅿 가능 ➕ 지지향

건강한 한 그릇 더 테이블

파주출판도시에 있는 작은 식당으로 닭갈비덮밥,
소불고기덮밥, 아보카도명란비빔밥, 톳비빔밥 등을 낸다.
치킨 스톡이나 버터를 사용하지 않고 채소로만 맛을 낸
채식카레, 채식비빔밥도 판매한다. 당일 준비한 재료가
떨어지면 문을 닫는데, 보통 오후 2시 정도에 영업이
종료된다. 샐러드와 장아찌, 김치 등 밑반찬과 된장국을
기본으로 제공하며, 간이 세지 않아 담백하고 깔끔한 식사를
할 수 있다. 파주출판도시에 근무하는 직장인들 사이에서
빨리 가지 않으면 밥 먹기 힘든 곳으로 소문난 곳이니 문
여는 시간인 오전 11시 30분에 맞춰 가는 것이 좋다.

📍 경기도 파주시 문발로 140 📞 031-949-3665 🕐 11:30~14:00
※재료 소진 시 마감 ❌ 토·일요일 🅿 가능 ➕ 지지향

비움으로 채운 카페 오눈오네

파주출판도시를 오가는 버스 정류장 바로 앞, 유동 인구가
많은 위치라 충분히 더 많은 손님을 수용할 수 있음에도
불구하고 널찍한 공간을 꽉꽉 채우지 않은 비움의 카페다.
테이블도 많지 않을뿐더러 그마저도 띄엄띄엄 배치해
복잡하거나 시끄럽지 않다. 비워 낸 자리는 식물, 돌, 나무
조각품 등 자연 소재로 채웠다. 카페 2층은 1층보다 더 많이
비웠다. 가운데 놓인 커다란 테이블과 창을 향하고 있는
테이블 몇 개 그리고 소파 하나가 전부지만 썰렁하거나 휑한
느낌보다는 세련되고 담백한 느낌이다. 여유로운 공간에서
편안한 휴식을 원한다면 추천하고 싶은 카페다.

ⓐ 경기도 파주시 문발로 137 ⓞ 10:00~20:00 ⓟ 가능 ⊕ 지지향

문발리 헌책방 골목 블루박스

오래된 책들로 채워진 북 카페로 파주출판도시를 걷다가
카페 문을 열고 들어서면 바깥과는 완전히 다른 느낌의 책
세상이 펼쳐진다. 통나무집과 기와집, 초가집 등으로 꾸민
헌책방 골목이 나타나 마치 카페 안에 마을이 하나 있는
듯하다. 문학, 에세이, 철학, 과학, 여행, 예술, 어린이 등
분야별로 정리된 중고 책을 카페 안에서 자유롭게 읽을 수
있고 구매도 가능하다. 부모님 책장에서 보았던 책이나 어린
시절 읽었던 책을 발견하면 나도 모르게 미소가 번진다.
오래된 책이 가득한 곳에서 어떤 책을 읽을까 고민하다 보면
보물찾기하는 기분마저 든다.

ⓐ 경기도 파주시 문발로 240-21 ⓒ 031-955-7440
ⓞ 월~금요일 10:00~17:30, 토·일요일 10:00~18:00
ⓧ 명절 전날·당일 ⓟ 가능 ⊕ 미메시스 아트 뮤지엄

THEME
3

이른 새벽의 숲길 산책

국립횡성숲체원

숲스테이

새벽 산책

마음이 복잡하고 휴식이 간절할 때는 숲이 그리워진다. 나무가 뿜어내는 공기를 들이마시고
나뭇잎과 눈을 맞추며 걷다 보면 어느새 마음이 편안하고 고요해진다. 자연 그대로의 나무와
바람, 물소리와 새소리로 가득한 숲이야말로 힘든 시국을 살아내는 우리에게 꼭 필요한
피신처가 아닐까. 숲속에서 맞는 바람과 새들의 노랫소리가 이따금 그리워지는 이유다.
국립횡성숲체원은 강원도 횡성군 둔내면 청태산 해발 680m 자락에 위치해 공기가 깨끗하고
하늘이 맑다. 해발 850m까지 경사가 완만한 나무 데크 길이 설치되어 누구나 쉽게 산을 오를
수 있다. 춘천, 대전, 장성, 칠곡, 나주, 청도에 있는 국립숲체원과 함께 한국산림복지진흥원에서
운영한다. 특히 이곳은 국내 최초의 산림교육센터로, 산림 교육과 치유 프로그램으로 특화되어
있다. 산림 치유 프로그램의 일환으로 숙박 시설을 운영하는데 예약해 놓고 내내 마음이
설레었다. 숲으로부터의 치유와 위로가 기다려졌기 때문이다. 언제나 기대한 것 이상의 많은
것을 내주는 자연으로부터 이번에는 어떤 선물을 받을까 가슴이 두근거렸다.
밤하늘을 빼곡하게 채운 별을 목이 빠지도록 올려다보다가 이슬이 뽀얗게 내려앉은 새벽
숲길을 상상하며 잠이 들었다. 그날 밤엔 밤이 깊도록 별을 바라보는 것 외에는 아무것도 하지
않았다. 아무것도 하지 않아서, 아무것도 하지 않아도 되어서 정말 행복한 밤이었다.
세상이 아직 잠에서 깨어나지 않은 이른 새벽에는 홀로 고요한 숲길을 걸었다. 숨을 크게
들이마셔 새벽 숲의 촉촉한 공기를 가슴 속에 한껏 담았다. 숨을 쉬는 것만으로도 몸이
깨끗해지는 것 같은 기분. 숲속에서의 하룻밤을 예약하면서 가장 기다렸던 시간이 바로 이
새벽이다. 약 40분의 새벽 산책을 마치고 다시 방으로 돌아와 지난밤보다 더 깊은 꿀잠을
잤다. 숲에서 하룻밤을 보낸다면 숲의 선물 같은 새벽 산책을 꼭 즐겨 보기를 추천한다.

2~3명이 이용할 수 있는 작은 방에는
화장실과 냉장고, 에어컨, 작은 책상
하나가 전부다. TV가 없는 대신 숲과
관련된 책이 몇 권 비치되어 있다.
숲속의 작은 방에서 집중해 읽기 좋은
책을 한 권 준비해 가는 것도 좋다.

🏠 강원도 횡성군 둔내면   💰 2~3인실 30,000원
     청태산로 777   (비수기 평일 기준)
📞 033-340-6300   🌐 hoengseong.fowi.or.kr
                        🅿 가능

📍 KTX 둔내역·둔내시외버스터미널에서 택시로 5분
🔄 국립횡성숲체원 → 횡성호수길 → 풍수원성당

편안한 산책
횡성호수길

🚶 강원도 횡성군 갑천면 태기로
구방5길 40(망향의 동산 일대)
📞 033-340-2548 🕐 24시간
(요금 징수 09:00~18:00)
💰 2,000원 🅿 5구간은 망향의 동산
주차장, 1구간은 횡성댐물문화관
주차장 이용
🚍 횡성시외버스터미널 정류장에서
45·46·47·49번 버스 탑승 후
구방1리·망향의동산 하차, 도보 5분

횡성호수길은 아름다운 횡성호와 이를 둘러싼 주변의 산을
테마로 조성한 총 31.5km, 6개 코스의 산책로다. 맑고 고요한
호수의 정취를 가까이 느끼며 완만한 흙길을 편안하게 걸을
수 있어 남녀노소 모두에게 사랑받는다.

여섯 가지 산책로 중 대표적인 길은 5구간 가족길이다. 푸른
횡성호를 따라 가볍게 걸을 수 있으며 A, B 코스로 이루어져
있다. 9km 남짓의 2개 코스를 모두 걸어도 좋고, 둘 중 하나만
걸어도 좋다. 2개 코스를 모두 걸으면 2시간 30분에서 3시간
정도 소요된다. 5구간 시작점에 있는 망향의 동산은 횡성댐
건립으로 인해 고향을 잃어버린 수몰민의 아픔을 달래기
위해 조성한 곳이다. 수몰민의 삶과 물에 잠겨 사라진 마을의
흔적을 엿볼 수 있는 화성의 옛터 전시관도 있다.

....
입장권을 구입하면 현금처럼 사용할 수 있는 2,000원권 상품권을
준다. 망향의 동산 주차장 일대의 매점과 카페, 식당에서 이용
가능하다.

간절함이 지은 성당
풍수원성당

📍 강원도 횡성군 서원면
경강로유현1길 30 📞 033-342-
0035 🕐 24시간(내부는 미사
시간에만 개방) 🅿 가능
📍 횡성시외버스터미널 정류장에서
60·61·62·63번 버스 탑승 후
풍수원입구 하차. 도보 7분

1907년에 세운 강원도 최초의 성당이다. 서울 약현성당, 완주
고산성당, 서울 명동성당에 이어 우리나라에서 네 번째로
지은 성당이기도 하다. 풍수원성당의 역사는 1801년 용인
지역에 거주하던 40여 명의 천주교인이 천주교 박해를 피해
이주할 곳을 찾다가 풍수원에 정착한 것에서 시작한다.
그 후 더 많은 신자가 이곳으로 모여들어 신앙 공동체 마을을
이루었고, 1896년 정규하 신부가 풍수원에 부임하면서
본격적인 성당 건립을 시작했다. 신부가 직접 설계하고
중국인 기술자들과 신자들이 손수 나무를 깎고 벽돌을 구워
성당을 지었다. 당시 그들이 품었던 간절함이 풍수원성당을
더 경건하고 성스럽게 만든다. 고딕 양식의 건축물과 주변
숲이 어우러진 풍경이 아름다워 드라마와 영화 촬영지로도
사랑받는다. 성당 건물 외에도 피정의 집, 가마터, 사제관,
유물전시관, 성체광장, 십자가의 길 등을 천천히 둘러보면서
성당이 품고 있는 이야기를 상상해 보자.

강원도의 맛 **청태산막국수**

감자옹심이는 과거에 귀한 쌀 대신 감자로 끼니를 때우던
강원도 산간 지방에서 시작된 음식으로 멸치 육수에 갖은
채소와 다시마, 미역 등과 함께 감자옹심이를 넣어 끓여 낸다.
옹심이는 감자 6~8개를 갈면 겨우 밥공기 하나 정도의 반죽이
나오고, 한 알 한 알 손으로 빚기 때문에 정성이 가득 들어가는
귀한 음식이다. 감자 가는 소리가 끊이지 않는 이곳에서는
투박하게 빚은 감자옹심이와 바삭한 감자전, 직접 뽑은 메밀
면으로 만든 막국수 등 강원도를 대표하는 음식을 판다.
미역과 옹심이를 듬뿍 넣고 끓여 낸 감자옹심이는 뜨끈하고
진한 국물과 쫀득쫀득한 식감이 일품이다. 자극적이지 않은
양념으로 맛을 낸 메밀 막국수도 맛있다.

📍 강원도 횡성군 둔내면 둔내로 68 📞 033-345-1042
🕐 10:30~15:00, 17:00~19:00 🅿 가게 앞 길가 이용 ➕ 국립횡성숲체원

혼자여도 든든하게 **단골식당**

근처 스키장을 즐겨 찾는 여행자들에게는 이미 유명한
한식당으로 된장찌개와 청국장찌개, 불고기백반은 1인분
주문이 가능해 혼자 오는 손님도 많다. 1인분을 주문해도
반찬을 예닐곱 가지 내주고, 찌개를 계속 끓여 가며 따뜻하게
먹을 수 있도록 휴대용 가스레인지를 테이블에 올려 준다.
밥이 부족하면 추가 요금 없이 리필도 가능하다. 혼밥이 아직
서툰 여행자도 이곳에서라면 넉넉한 인심과 푸짐한 밥상에
마음마저 든든해진다. 어르신 두 분이 운영하는 곳이라
서빙이 조금 늦거나 주문한 것을 빠뜨리는 일이 더러 있지만
여행자의 너른 마음으로 이해해 주기를 당부한다.

📍 강원도 횡성군 둔내면 둔내로51번길 20 📞 033-342-1033
🕐 10:00~15:00 ❌ 공휴일, 명절 당일 🅿 둔내로 길가 이용
➕ 국립횡성숲체원

농사짓는 시골 빵집 **이가본때**

이런 곳에 카페가 있을까 싶은 시골 마을에 직접 농사지은
밀로 반죽을 만들어 수제 화덕에 넣고 참나무 장작으로 빵을
구워 내는 곳이 있다. 귀농을 선택한 젊은 부부가 조부모님
집을 개조해 만든 베이커리 카페다. 소화가 잘되는 앉은뱅이
밀로 빵을 만드는데, 일요일부터 수요일까지는 농사일
때문에 문을 열지 않는다. 이곳의 대표 메뉴인 시골빵과
카스텔라는 나오기가 무섭게 팔린다. 스콘, 블랙올리브빵,
네모빵, 초코시골빵 등 한 끼 식사로도 부족하지 않은 빵을
맛볼 수 있으니 속을 비우고 가기를 추천한다. 빵 외에도
커피, 수제 과일청으로 만든 음료, 통밀 차 등을 판매한다.
마음이 평온해지는 논밭 풍경은 덤이다.

🏠 강원도 횡성군 안흥면 실미송한길 46-18 📞 010-5624-0805
🕐 목~토요일 12:00~18:00 ❌ 일~수요일 🅿 가능 ➕ 국립횡성숲체원

시골 카페의 위로 **시골편지**

시인이자 칼럼니스트인 김경래와 그의 아내가 운영하는
곳으로, 카페 안팎에 직접 쓴 시와 글귀를 새겨 놓았다.
곳곳에 커다란 창이 나 있어 어느 자리에 앉아도 창밖의 너른
들판을 감상할 수 있고, 테이블 간격도 넓은 편이라 남에게
방해받지 않고 호젓한 시간을 보낼 수 있다. 이곳에서 직접
구운 촉촉한 단호박스콘과 과일 에이드 맛도 훌륭하다.
"계단 올라가면 다락방이 있어요. 신발 벗고 올라가셔서
편하게 계세요. 누워 계셔도 돼요"라는 여사장님의 친절한
안내를 받고 올라가니 위로를 주는 공간이 나타났다. 낮은
천장과 커다란 창, 공간을 채운 따스한 햇살과 종이 책 냄새가
마음을 어루만지는 것 같았다.

🏠 강원도 횡성군 안흥면 실미송한길 24-72 📞 033-344-5370
🕐 11:00~19:00 ❌ 수요일 🅿 가능 ➕ 국립횡성숲체원

산속에서 디지털 디톡스

홍천 힐리언스 선마을

쉼스테이

디지털 디톡스

"휴대폰이 터지지 않는 리조트라고?"

강원도 홍천의 힐리언스 선마을에 대한 이야기를 처음 들었을 때 나도
모르게 나온 질문이었다. 요즘 같은 세상에 휴대폰이 터지지 않는
리조트라니, 어째 낯설게만 느껴졌다. 하지만 이내 궁금해졌다. 휴대폰이
터지지 않는 숲속에서 보내는 하룻밤은 어떨까. 어쩌면 요즘 같은 세상에
오히려 더 필요한 곳이 아닐까. 이런 생각에 마음은 점점 그곳으로 향해
갔다.

'100세 시대를 준비하는 사람들을 위한 웰에이징 힐링 리조트'.
힐리언스 선마을이 표방하는 철학이다. 자연과의 교감을 통해 진정한
휴식을 체험하고 재충전할 수 있는 리조트다. 머무는 동안 좀 더 건강해질
수 있도록 숲 테라피, 요가, 명상, 스트레칭, 스파 등 다양한 프로그램을
마련해 놓았다. 투숙객은 누구나 무료로 참여할 수 있다. 식사를 하러
가거나 스파, 카페, 명상실 등 부대시설에 가려면 높은 비탈길을
오르내려야 하며 TV가 없는 건 물론이고 와이파이도 잡히지 않는다.
이 모든 것이 건강한 삶을 위해 의도된 불편함이다. 건강에 도움이 된다면
일부러 불편하게 만드는 진정한 웰니스 리조트라 할 수 있다.

힐리언스 선마을은 가파른 경사와 계단이 많은
편이고, 고객 수송 서비스도 없기 때문에 거동이
불편한 경우 이용하기 어렵다. 부지 내에는
편의점이, 객실에는 냉장고가 없다.

숲속 테라피, 요가, 명상, 영화 상영 등의
프로그램은 미리 신청할 필요 없이 시간에 맞춰
안내된 장소로 가면 참여할 수 있다. 프로그램
시간표는 체크인 시 프런트에서 받는다.

세상에, 이런 리조트는 처음이야

지하철 2호선 종합운동장역 앞에서 출발하는 셔틀버스를 타고 약 1시간 30분. 신기하게도 버스가 리조트 입구에 닿는 순간부터 휴대폰 신호가 잡히지 않았다. 이미 알고 있었던 사실임에도 휴대폰이 터지지 않는다는 것은 정말 오랜만에 느껴 보는 두려움이었다. 전화는 객실 내 유선전화나 웰컴 센터가 있는 가을동 2층 비즈니스 센터의 유선전화를 사용해야 하고, 데이터 신호는 가을동 2층 비즈니스 센터와 선이공방에서만 잡힌다.

"이곳 가을동에서 숲속동까지는 15분 정도 걸어 올라가셔야 해요. 카페 뒤쪽 산길을 따라 올라가도 되고, 이 비탈길을 따라 쭉 올라가도 됩니다."

슬프게도 내가 배정받은 객실은 힐리언스 선마을에서 가장 높은 곳에

자리한 숲속동이었다. 앞이 탁 트여 진망온 아름답지만 식당이나 스파, 서가, 카페 등을 가려면 15분을 오르락내리락해야만 하는 곳이었다. 물론 인터넷과 전화를 사용할 수 있는 비즈니스 센터 역시 도보로 왕복 30분 거리다.

그렇게 24시간 강제적 디지털 디톡스가 시작되었다. 휴대폰 대신 프런트에서 받은 지도를 손에 꼭 쥐고 객실로 향했다. 산속 숲길을 따라 오르고 또 오르니 저 멀리 숲속동이 보였다. 객실에 도착하기도 전에 이마에 송골송골 땀방울이 맺히고 숨이 차올랐다. 잠시 걸음을 멈추고 깊게 숨을 들이쉬니 짙은 풀 내음이 몸속으로 가득 들어왔다.

마침내 도착한 객실은 단정하고 간결했다. 불필요한 장식과 장치를 없애고 친환경 자재와 페인트를 사용해 지은 곳이었다. 휴식을 방해하는 눈부신 형광등도 없었다. 자연광이 들어오는 천창과 부드러운 간접조명을 설치해 침대에 누워 있을 때도 불빛 때문에 불편한 일이 없었다. TV도 와이파이도 없는 객실. 이따금 창밖에서 들려오는 새소리와 나뭇잎 사이를 스치는 바람 소리가 고요함과 적막함 사이를 채웠다.

가방을 내려놓고 테라스의 흔들의자에 앉아 산과 나무와 하늘과 구름을 오랫동안 지켜봤다. 휴대폰 대신 바람을 타고 움직이는 구름을 바라보고, TV 소리 대신 뜸부기와 뻐꾸기 소리를 들었다. 한참을 그렇게 앉아 쉬고 나니 낮잠을 한숨 푹 잔 것처럼 몸도 마음도 편안해졌다. 휴대폰을 내려놓고 만난 진정한 휴식이었다.

몸과 마음을 다듬는 시간, 1박 2일

테라스에서 꿀맛 같은 휴식을 마치고 본격적인 리조트 탐방에 나섰다. 제일 먼저 찾은 곳은 선향동굴. 명상을 위해 동굴처럼 고요하고 어둡게 만든 곳이다. 싱잉볼이 만들어 내는 신비로운 울림에 집중하며 바닥에 가만히 앉아 눈을 감았다. 도시에서는 좀처럼 가질 수 없었던 나의 마음을 걷는 시간. 이날 이후로 나는 명상이 주는 위로와 치유에 눈을 떴다.

선향동굴을 나와 스트레칭법을 알려 주는 리커버링 테라피로 향했다. 이마에 살짝 땀이 맺힐 정도의 어렵지 않은 스트레칭법을 배운 뒤 1,000ppm 농도의 탄산탕이 있는 자연세유 스파에 들러 몸을 이완했다. 탄산이 보글보글 올라오는 스파를 마치고 나니 어느덧 저녁 시간. 소화 잘되는 건강한 음식으로 차려진 밥상을 받았다. 슴슴하게 조리한 음식은 오래 씹을수록 재료 본연의 맛이 살아났다. 보통 혼자서 식사할 때면 휴대폰이나 TV를 친구 삼곤 했지만 이곳에서는 창밖의 나뭇잎과 하늘, 초록 들판이 친구가 되었다.

저녁을 먹고 밖으로 나오니 하늘에 어둠이 내리고 있었다. 힐리언스 선마을은 밤에 최소한의 조명만 남겨 두고 소등하기 때문에 캄캄해지기 전에 서둘러 객실로 돌아왔다. 테라스의 흔들의자에 앉아 숲의 밤을 또 한참 동안 바라보았다. 그리고 집에서 가져온 책을 조금 읽다가 10시도 안 되어 잠이 들었다. 아침 일찍 일어나 숲 산책을 마치고 죽과 샐러드로 가벼운 아침 식사를 한 후 춘하서가에 들러 책을 구경하다가 다시 한번 스파를 하고 나오니 힐리언스 선마을에서의 1박 2일을 정리할 시간이 되었다.

많이 걷고, 명상하고, 몸에 좋은 음식을 먹고, 어느 때보다 깊은 잠을 잔
1박 2일. 이토록 나에게 집중하고 나의 건강을 위해 시간을 보낸 적이
언제였던가. 아니, 그런 적이 있기나 했던가. 몸도 마음도 어제보다 훨씬
가벼워졌고, 어떤 것이 건강을 위한 삶인지 깨달았다. 휴대폰에 의지하며
보낸 많은 시간을 앞으로는 어떻게 채워야 할지 조금은 알 것 같았다.
살면서 또다시 진정한 휴식이 그리울 때면 자연스레 이곳이 생각날지도
모르겠다. 그때는 어떤 위로와 치유의 시간을 만날 수 있을까. 벌써부터
그날이 기다려진다.

🏠 강원도 홍천군 서면 종자산길 122
📞 1588-9983, 033-434-2772
🅦 2인실 179,000~249,000원(석식, 조식,
  부대시설 이용료 포함)

※성수기, 비성수기, 포함 내역 등에 따라
요금이 달라지니 홈페이지 확인
🌐 www.healience.co.kr
🅿 가능

📍 지하철 2·8호선 잠실역 5번 출구 앞 정류장에서 7001번 버스 탑승 후 설악터미널 하차,
  택시로 30분(카드 결제 시 선결제 필요) / 또는 셔틀버스 이용(왕복 15,000원, 사전 예약
  필수) ※셔틀버스 운행 시간 참고. 설악터미널→힐리언스 선마을 : 매일 13:00, 15:00,
  힐리언스 선마을→설악터미널 : 매일 12:00, 14:00

한적한 겨울날의 바다멍

고성 바다

해변

바다멍

살다 보면 문득 삶에 지칠 때가 있다. 매일매일 반복되는 일상이 숨 막히게 답답하고 지루하게
느껴질 때, 삶을 지속하기 위한 노력이 부질없고 의미 없게 느껴질 때 말이다. 그럴 때면 하던
일을 내려놓고 훌쩍 떠나 버리고 싶다. 가능하면 인적이 드물고 탁 트인 곳, 마음을 다독이고
돌아올 수 있는 조용한 곳이라면 좋겠다.

쓸쓸하면서도 고독한 겨울 바다는 생각을 정리하고 마음을 가다듬기에 최적의 여행지다. 새벽
2시처럼 고요하고 그윽해 바다가 온전히 내 것이 된 듯한 기분이다. 찾는 이가 많지 않으니
들리는 건 파도 소리뿐. 적막함 가운데 들리는 겨울 바다의 파도 소리는 귓가에 오래 남아
마음을 울린다. 끊임없이 밀려왔다가 물러나고, 또 밀려왔다가 부서지는 파도를 바라보면
어느새 마음이 차분해진다. 파도를 만드는 게 바람의 일이라면 주어진 삶을 열심히 사는 것은
나의 몫일 터. 다시 심호흡하고 마음의 먼지를 엉덩이의 모래와 함께 툭툭 털어 낸다.

바다와 호수가 맞닿은 곳
화진포해수욕장

찾는 사람이 그리 많지 않아 동해에서 가장 한적한 해변 중 하나다. 공식적인 해수욕장 중에서는 동해안에서 가장 북쪽에 위치해 있다. 바다가 맑고 얕으며 백사장은 넓고 완만해 피서철이면 가족 단위 여행자에게 더욱 인기가 좋다. 바다 반대편의 화진포호수는 국내에서 가장 큰 석호로 알려져 있으며 민물과 바닷물이 만나 특별한 생태계가 이루어진 곳이다. 솔숲과 갈대밭이 무성해 동해안의 석호 가운데 가장 아름다운 풍광을 자랑한다.

⚓ 강원도 고성군 현내면 초도리
📞 033-680-3356 🅿 가능
📍 속초고속버스터미널 정류장에서
1·1-1번 버스 탑승 후 대진중고 하차

화진포호수

아야진해수욕장

바다 위의 작은 바다
아야진해수욕장

왠지 귀여운 이름의 아야진해수욕장은 아는 사람들만 간다는 동해의 작고 깨끗한 해변이다. 백사장 길이는 약 600m로 그리 길지 않지만 고운 모래와 갯바위가 어우러져 다채로운 풍경이 펼쳐진다. 여러 개의 바위가 기차처럼 이어진 기차바위는 이 해변이 가진 특징이자 뷰포인트다. 백사장 위로 우뚝 솟은 기차바위 위에 서서 짙푸른 바다와 백사장을 한눈에 조망할 수 있다. 기차바위 주변에는 다양한 해조류와 작은 해양 생물이 서식하고 있어 작은 바다 세계를 이룬다. 얕은 물속이 훤히 들여다보여 해양생태계를 관찰하기에 좋다.

⚓ 강원도 고성군 토성면 아야진리
📞 033-680-3356
🕐 06:00~22:00 🅿 가능
📍 속초고속버스터미널 정류장에서
1·1-1번 버스 탑승 후 아야진해변
하차

한 걸음 더

금강산이 보이는 전망대
고성통일전망타워

🏠 강원도 고성군 현내면
통일전망대로 457 📞 033-682-
0088 🕐 09:00~17:50
(7월 15일~8월 20일 ~18:50,
11월 1일~2월 28일 ~16:50)
※출입신고소에서 마감 1시간 전까지
신고를 마쳐야 함 💰 3,000원
🅿 가능(유료 5,000원)
📍 대중교통 이용 불가

우리나라 최북단에 자리한 전망대다. 높이 34m로 고성 주변 풍경과 바다, 금강산과 해금강을 더욱 넓게 조망할 수 있다. 2층의 야외 전망대에 서면 망원경을 사용하지 않아도 금강산과 해금강이 지척에 보인다. 너무 가깝고 선명하게 보여 저곳이 북한이라는 것이 믿기지 않을 정도다. 맑은 날에는 금강산 옥녀봉과 일출봉까지 보인다.

고성통일전망타워에 가려면 통일전망대 출입신고소에 들러 출입신청서를 작성해야 검문소를 통과할 수 있다. 검문소는 승용차만 통과할 수 있어 대중교통 이용은 불가능하다.

주차장에서
고성통일전망타워까지 도보 10분
정도 오르막길을 올라야 하니
편한 신발을 신고 가는 게 좋다.

기본에 충실한 수제비 한 그릇 **수제비집**

교암항 근처에 있는 작은 식당으로 수제비, 칼국수, 장수제비, 장칼국수
등을 낸다. 군더더기 없는 깔끔한 외관에 '수제비집'이라는 글씨가
정직하게 쓰여 있다. 수제비와 칼국수 국물은 진한 멸치 육수를
기본으로 한다. 시원하고 진한 국물에 얇고 부드럽게 떠 넣은 수제비는
설명이 필요 없는 맛. 좋은 재료를 사용해, 기본에 충실한 음식이 가장
맛있다는 진리를 다시 한번 깨닫는다. 매콤한 양념을 더한 장수제비와 장칼국수도 맛있다.

🏠 강원도 고성군 토성면 교암길 47-1 📞 033-637-7774 🕙 10:00~19:30(브레이크 타임 15:00~16:00) ❌ 일요일
🅿 가게 앞 주차장 이용 ➕ 아야진해수욕장

바다를 위한 카페 **스위밍터틀**

아야진해수욕장 바로 앞의 오션 뷰 카페로 어느 자리에 앉아도 시원한
바다를 조망할 수 있다. 바다를 향한 한쪽 면 전체에 통유리를 설치해
바다와 연결된 듯한 개방감이 느껴진다. 바닷바람과 햇살을 함께
맞으며 '바다멍'을 즐길 수 있는 루프톱은 언제나 가장 먼저 만석이 된다.
스위밍터틀은 주인장의 딸이 8살 때 아야진해수욕장에서 바다거북을 보고
상상해서 만든 이야기의 제목에서 가져온 이름이라고 한다.

🏠 강원도 고성군 토성면 아야진해변길 192 📞 033-636-8628 🕙 10:00~20:00
🅿 아야진해수욕장 주차장 이용 ➕ 아야진해수욕장

THEME
6

황홀한 일몰 감상

순천 와온해변

_//_ 바다

_//_ 노을

"봄날의 꽃보다도 와온 바다의
갯벌이 더 아름답다."

소설가 박완서

"봄날의 꽃보다도 와온 바다의 갯벌이 더 아름답다."

박완서 작가가 찬사를 쏟아 낸 '와온'은 순천만의 와온해변이다.
더 정확히는 와온해변의 일몰이다. 언젠가 잡지에서 이 글과 함께
와온해변 사진을 보았을 때 나도 모르게 외마디 탄성을 질렀다.
그리고 지도에 별을 새겼다. "꼭 가 볼 것, 꼭!"이라는 메모와 함께.
박완서 작가의 말에 이끌려 이곳을 찾았다면 실망할지도 모른다.
말간 대낮의 와온해변은 평범하기 그지없기 때문이다. 그러나
인내심을 갖고 해가 저물기를 기다리면 봄날의 꽃보다도 더
아름다운 일몰을 만날 수 있다. 솔섬이라 불리는 작은 무인도
너머로 드넓은 갯벌을 붉은색으로 물들이며 넘어가는 석양은 말로
표현할 수 없을 정도로 압도적이다. 해가 완전히 넘어간 뒤에도
갯벌 위에는 한참 동안이나 노을이 머문다. 붉은빛이 사라지고
어두워질 때까지 갯벌에 남은 노을을 보고 또 보았다.

순천만국가정원과 순천만습지가 순천을 찾는 사람 누구나 들르는
관광지라면 와온해변은 아는 사람들만 조용히 찾아가는 보석 같은
곳이다. 전형적인 어촌 마을에 있는 해변으로 새꼬막, 게, 숭어,
낙지 등 수산자원이 풍부하다. 특히 이곳에서 나는 꼬막은 알이
굵고 맛이 좋기로 유명하다. 겨울에는 칠면조와 흑두루미를 비롯한
철새들이 찾아와 노을이 물든 갯벌 위에서 노닌다. 와온해변 북쪽
끝 용산전망대에 오르면 갯벌 위로 드러난 S자 형태의 물길에 비친
붉은 노을도 감상할 수 있다.

©순천시청

ⓐ 전라남도 순천시 해룡면 상내리   ⓟ 가능

ⓠ KTX 순천역 정류장에서 330번 버스 탑승 후 월전 하차, 해룡면사무소
   정류장으로 이동해 97번 버스 환승 후 와온 하차 또는 98번 버스 환승
   후 유룡 하차
ⓢ 순천드라마촬영장 → 순천만국가정원 → 옥리단길 → 와온해변

내비게이션 이용 시 '와온해변'을 검색하면 와온해변 한가운데로 안내한다. 솔섬과 함께 저무는 석양을 감상하려면 카페 '놀'(전라남도 순천시 해룡면 와온길 92-1)을 검색해서 가자.

뚜벅이 여행자라면 순천종합버스터미널 또는 KTX 순천역의 사물함을 이용할 것을 권한다.

대한민국 제1호 국가정원
순천만국가정원

🏠 전라남도 순천시 국가정원1호길
47 📞 1577-2013 🕐 08:30~
20:00(3·4·10월 ~19:00, 11~2월
~18:00) ※1시간 전 입장 마감
💰 일반 8,000원, 통합권(국가정원,
스카이큐브, 순천만습지) 14,000원
🌐 scbay.suncheon.go.kr
🅿 가능 🚌 순천종합버스터미널
정류장에서 66번 버스 탑승 후
국가정원(동문) 하차 또는 52번 버스
탑승 후 국가정원(서문) 하차

순천만을 보호하기 위해 조성한 정원으로 2013년
순천만국제정원박람회 폐막 후 개조와 재단장을 거쳐 문을
열었다. 1,120,000㎡에 달하는 면적에 한국, 미국, 영국,
프랑스, 네덜란드, 일본, 중국 등 83개 국가의 정원이 조성되어
있다. 약 860,000그루의 나무와 650,000송이의 꽃이
자라고 있으며 그 종류는 620여 종에 달한다. 드넓은 정원을
구석구석 다 둘러보려면 3~4시간 정도 소요된다. 꽃과 나무를
사랑하는 사람이라면 그보다 더 오래 걸릴 수도 있다.

세계 5대 연안 습지로 꼽히는 순천만습지까지 둘러보고
싶다면 순천만국가정원 내에서 정원역과 문학관역을 오가는
스카이큐브를 이용한다. 문학관역에 내려 갈대열차를 타고
5분 정도 달리면 순천만습지에 도착한다. 갈대밭이 끝도 없이
펼쳐진 순천만습지의 풍경은 그저 넋을 잃고 바라보게 된다.
순천만습지 끝에 자리한 용산전망대에서는 와온해변의 숨
막히게 아름다운 일몰을 감상할 수 있다.

교류 도시의 시민은 입장권 50% 할인 혜택이 있다. 서울시
강서·양천·송파구, 경기도 오산시, 전라남도 구례·완도·여수·광양·고흥,
경상남도 진주·남해·하동·사천 시민이라면 신분증을 지참하자.

스카이큐브를 먼저 타려면 서문으로, 순천만국가정원을 둘러본 후
순천만습지로 이동하려면 동문으로 입장하는 것이 편하다.

젊음의 거리 옥리단길

순천의 원도심 옥천동 일대의 작은 동네다.
오래된 주택들 사이에 작은 공방과 카페,
오래된 맛집과 젊은 셰프가 요리하는 식당이
들어서 있는데, 매장 인테리어나 메뉴 구성,
음식 맛 등이 서울의 경리단길 못지않다 해서
옥리단길이라 부른다.
옥리단길의 출발은 2014년부터 시작된
도시재생사업이다. 지역 예술인과 청년
창업가들이 옥천 변 주위에 모여들어 공방과
갤러리, 카페, 식당 등을 열기 시작했고
지역 주민들이 이에 힘을 보탰다. 지자체와
주민, 청년들이 마음과 힘을 모은 순천의
도시재생사업은 성공적 사례로 꼽히며 다른
지역에도 좋은 본보기가 되었다.

🏠 전라남도 순천시 호남길·옥천길 일대 🅿 옥천 변 이용
📍 순천종합버스터미널 정류장에서 14·52·59·66·71번 버스
탑승 후 남교오거리 하차

071

한 걸음 더

50년 전으로 타임 워프
순천드라마촬영장

🏠 전라남도 순천시 비례골길 24
📞 061-749-4003 ⏰ 09:00~18:00
※1시간 전 입장 마감 💳 3,000원
🅿 가능 🚌 KTX 순천역·순천종합
버스터미널 정류장에서 71번 버스
탑승 후 드라마촬영장 하차

옛 육군 95연대 5대대 부지에 조성한 촬영장으로 2006년에
개장했다. 군부대가 이전한 후 약 53,000m²에 달하는 부지의
활용 방안을 찾던 중 SBS 드라마 <사랑과 야망> 세트장을
이곳에 설치하면서 일반인에게 공개하는 오픈 세트가
형성되었다.

순천읍 세트, 서울 변두리 세트, 서울 달동네 세트 등 크게
세 구역으로 나뉜다. 순천읍 세트는 1950년대 후반부터
1970년대까지의 순천 읍내를 재현해 당시 풍경을 엿볼 수
있다. 서울 변두리 세트에서는 1980년대 서울 번화가와 골목
등의 모습을 보며 추억에 잠기기 좋고, 서울 달동네 세트는
언덕을 따라 슬레이트집이 빼곡히 들어찬 1970년대 봉천동
판자촌을 그대로 옮겨 놓았다. <사랑과 야망>을 시작으로
<자이언트>, <제빵왕 김탁구>, <늑대소년>, <인간중독>,
<강남 1970> 등 굵직굵직한 드라마와 영화 30여 편을
이곳에서 촬영했다.

옥리단길 대표 선수 **옥천귀뚜라미**

옥리단길의 명성은 옥천 변의 작은 식당에서 시작되었다. 할머니 댁에서
본 듯한 오래된 가구와 소품으로 공간을 채워 빈티지한 감성으로
가득하다. 옥천이라는 이름으로 시작했는데 손님들이 이곳을 잘 찾지
못해 가게와 어울리는 '귀뚜라미'라고 쓰인 오래된 간판을 설치했다고
한다. 지금은 옥천귀뚜라미라는 이름이 더 익숙하다. 얼큰한 국물에 밥을
말아 먹는 파스타 돌문어빠쉐, 순천에서는 생소한 음식이었던 명란아보카도비빔밥 등이 인기를
끌며 손님이 점차 늘어나 조용했던 동네가 활기를 찾는 데 한몫했다.

🏠 전라남도 순천시 저전1길 19 📞 061-902-6948 🕐 11:30~15:00, 18:00~20:30 ※토요일은 점심만 영업
❌ 일·월요일 🅿 남문터광장 지하 주차장 이용 ➕ 옥리단길

예쁘고 깔끔한 베이커리 카페 **짙은**

옥리단길 안쪽 골목에 자리한 깔끔하면서도 따뜻한 분위기의 카페다.
케이크와 마들렌, 브라우니 등을 직접 만들어 파는 베이커리를 겸하고
있어 향긋한 커피 향과 함께 빵 굽는 고소한 냄새가 가득하다. 카운터
옆 작은 입구를 지나면 바깥 홀과 분리된 독립된 공간이 나오고, 주방 옆
작은 복도에는 바 테이블이 숨어 있다. 저마다 개성이 뚜렷한 좌석이 여기저기
배치되어 있어 어디에 앉아야 할지 행복한 고민에 빠지게 되는 예쁜 공간이다.

🏠 전라남도 순천시 옥천길 29 📞 010-9655-5578 🕐 09:00~21:00 ❌ 화요일 🅿 남문터광장 지하 주차장 이용
➕ 옥리단길

응답하라 1980 **밀림슈퍼**

밖에서 보면 영락없이 어릴 적 동네마다 하나씩 있던 구멍가게다.
KTX 순천역 앞 주택가에 있어 원래 순천 사람들이 애용하던 동네
슈퍼였다. 현재 사장님은 꼬맹이 시절 밀림슈퍼에서 과자와 사탕을 사
먹던 단골손님으로, 세월이 지나 슈퍼가 문을 닫자 낡은 슈퍼를 카페로
탈바꿈했다. 오래된 소품과 가구가 원래 그 자리에 있던 것처럼 이질감 없이
공간을 채우고 있으며 커피와 음료, 디저트 또한 맛있기로 유명하다.

🏠 전라남도 순천시 역전2길 46 📞 010-9282-0788 🕐 월~목요일 12:00~19:00, 토·일요일 12:00~20:00
❌ 금요일 🅿 가능 ➕ 옥리단길

7

고요한 아침 산책

경주 대릉원

⊕ 무덤

⊕ 역사

여행지에서 아침 산책을 하는 것은 그곳에 머무는 사람만의 특권이다. 하룻밤을 보내고 아침이 되어 다시 만난 도시는 어제보다 더 환하고 맑은 얼굴로 여행자를 반겨 주니 말이다.

다른 사람들의 여행이 시작되기 전에 먼저 만나는 여행지의 매력은 겪어 본 사람만이 안다. 그 매력을 아는 사람들은 여행은 머물러야 좋고, 오래 머물수록 좋다고 말한다. 여행지에서의 아침 산책을 사랑하는 이유다.

대릉원 근처에서 하룻밤을 보내고 운영 시간에 맞추어 아침 산책에 나섰다. 그 시간에 대릉원을 찾는 사람은 거의 없었다. 덕분에 콧노래를 흥얼거리며 둥글둥글한 초록의 고분 사이를 아주 찬찬히 걸었다. 줄을 서지 않으면 카메라에 담을 수 없는 유명한 포토존 앞에서 사진도 원 없이 찍고 명당자리에 한참을 머물며 대릉원을 온전히 누렸다. 상쾌한 공기와 적당히 따사로운 햇살, 새들의 노랫소리와 자박자박 발걸음 소리, 모든 것이 완벽한 아침 산책이었다.

대릉원은 약 125,000m² 대지에 23기의 고분이 솟아 있는 대규모의 고분군으로 황남대총, 천마총, 미추왕릉 등 주요한 고분이 모여 있다. 이름이 '릉'으로 끝나는 고분은 주인이 알려진 왕릉, '총'으로 끝나는 고분은 왕의 무덤으로 추정되나 주인을 알지 못하는 고분이다. 대릉원에서 주인이 알려진 무덤은 미추왕릉이 유일하다. 가장 큰 규모의 고분인 황남대총과 내부를 관람할 수 있는 천마총도 그 주인이 알려지지 않았다. 1973년에 진행한 발굴 조사에서 금관과 관모, 허리띠, 귀걸이와 같은 장신구를 비롯해 무기류, 토기 등 무려 11,526점의 유물이 천마총에서 발굴되었다. 무덤 주인은 알 수 없지만 신라 역사와 문화를 파악하는 데 매우 중요한 의미를 지닌 곳이다.

1,000년도 넘은 신라 고분이 경주 시내 한복판에서 현재를 사는 사람들과 위화감 없이 공존한다는 사실이 신기하면서도 신비롭다. 특히 하늘이 맑은 날에는 잔디 옷을 곱게 입은 고분과 파란 하늘의 조화가 더욱 아름답다.

⊙ 경상북도 경주시 황남동 33   ⊘ 09:00~22:00
☎ 054-750-8650   Ⓟ 가능

◉ KTX 신경주역 정류장에서 60·61번 버스 탑승 후 천마총후문
  하차 / 경주고속버스터미널 정류장에서 60·61·604번 버스 탑승
  후 천마총후문 하차 또는 500·502·505·506·508번 버스 탑승
  후 내남사거리 하차
◐ 대릉원 → 계림 → 동궁과 월지 → 경주박물관 → 경주솔거미술관

낮보다 아름다운 경주의 밤
동궁과 월지

신라 문무왕(661~681년 재위) 때 축조한 곳으로 태자가 거주하던 공간이었고 연회나 귀빈 대접에 쓰던 별궁이기도 했다. 삼국을 통일한 신라는 화려한 장식과 호화로운 시설로 나라의 위상을 드높였다. 674년에 연못을 만들었으며 679년에는 궁궐을 정비하고 동궁을 지었다. 신라가 패망한 뒤 고려와 조선 시대를 거치면서 폐허가 된 연못에는 오리와 기러기만 날아다녀 기러기 안雁, 오리 압鴨 자를 써서 안압지라 불렀다. 그러다 1980년 안압지 발굴 조사 때 당시 토기 파편 등에서 이곳이 원래 월지라 불렸던 기록을 발견해 현재의 이름으로 개칭했다.

동궁과 월지는 '한국관광공사 야간 관광 100선'에 오른 명소로, 해가 지고 난 뒤 조명을 밝히면 더욱 아름다운 고대 건축물의 백미로 꼽힌다. 잔잔하고 고요한 낮 풍경도 매력적이지만 새카만 밤하늘과 빛이 조화를 이뤄 화려함이 돋보이는 야경은 낮보다 스무 배는 더 황홀하다.

○ 경상북도 경주시 원화로 102
● 054-750-8655
○ 09:00~22:00 ₩ 3,000원
P 가능 ○ KTX 신경주역 정류장에서 700번 버스 탑승 후 동궁과월지 하차 / 경주고속버스터미널 정류장에서 11·600~609번 버스 탑승 후 동궁과월지 하차

작품의 일부가 되는 미술관
경주솔거미술관

📍 경상북도 경주시 경감로 614
📞 054-740-3990
🕐 동절기 10:00~18:00, 하절기
10:00~19:00 ※1시간 전
입장 마감 💲 경주엑스포공원
통합권(12,000원) 구입 후 입장 가능
🌐 www.gjsam.or.kr
🅿 가능 🚏 KTX 신경주역
정류장에서 700번 버스 탑승 후
경주세계문화엑스포공원 하차 /
경주고속버스터미널 정류장에서
10·100·100-1·150·150-1번 버스
탑승 후 경주세계문화엑스포공원
하차

한국화의 거장 박대성 화백이 기증한 작품으로 채워진
미술관으로 신라 시대 화가 솔거率居에서 이름을 따온 것이다.
경상북도와 경주시가 지원한 최초의 공립 미술관으로 2015년
9월 경주미술협회와 재단법인 문화엑스포가 함께 경주엑스포
대공원 안에 세웠다.

승효상 건축가가 설계한 미술관 건물은 그 자체로도 하나의
작품이다. 입구를 통해 들어가면 바로 2층으로, 박대성 화백의
작품을 전시한 상설 전시실 1관과 다양한 테마의 작품을 모아
놓은 기획 전시실 1~3관이 있다. 한 층 아래로 내려가면 상설
진시실 2·5관이 이어진다. SNS나 각종 매체에 가장 많이
등장하는 '내가 풍경이 되는 창', 일명 '움직이는 그림'이라
불리는 통유리창은 상설 전시실 3관에 있다. 유리창 너머로
아름다운 연못과 울창한 숲이 한눈에 들어오는 이 창 앞에 서면
누구나 작품의 일부가 된다.

전설이 태어난 숲 계림

경주역사유적지구 내의 울창한 숲이다. 물푸레나무와
단풍나무, 느티나무 등 오랜 세월을 지켜 온 고목들이 그늘을
드리우는 걷기 좋은 공원으로 조성되어 있다. 이 숲에는 경주
김씨의 시조 김알지와 관련된 설화가 전해진다. 신라 4대
탈해왕 때 한 호공이 이 숲을 지나던 중 닭 우는 소리에 이끌려
가 보니 나뭇가지 위에 황금빛이 뻗쳐 나오는 궤가 있었다.
이 소식을 들은 왕이 숲으로 찾아가 궤를 열자 사내아이가
울고 있었다. 왕은 아이에게 김숲이라는 성과 알지閼智라는
이름을 지어 주었다. 그가 바로 경주 김씨 시조이고 신라 13대
미추왕이 그 후손이다. 원래 시림, 구림이라 불리던 이 숲의
이름도 닭 계鷄 자를 써서 계림이라 바뀌었다.

ⓞ 경상북도 경주시 교동
ⓟ 대릉원 주차장 이용
ⓠ KTX 신경주역 정류장에서
50·60·70번 버스 탑승 후
경주세계문화엑스포 하차 /
경주고속버스터미널 맞은편
정류장에서 10·100·150·700번 버스
탑승 후 경주세계문화엑스포 하차

신라 천년의 역사 국립경주박물관

1945년 광복 후 조선총독부박물관 경주 분관을 개관했고
1975년 현재 위치로 이전했다. 문화체육관광부 산하 박물관
중에서는 국립중앙박물관 다음으로 유물의 종류와 양이
많다. 신라 시대 유물을 중심으로 전시하며 신라역사관,
신라미술관, 월지관으로 이루어진 상설 전시관과 특별 전시관,
어린이박물관으로 나뉜다. 정원에는 성덕대왕신종, 고선사 터
삼층석탑 등이 전시되어 있다. 상설 전시관은 박물관에 소장된
약 80,000점의 유물 중 3,000여 점을 전시하고, 특별 전시관은
다양하고 흥미로운 주제로 상설 전시관에서 공개하지 않은
유물이나 해외 문화재를 전시한다.

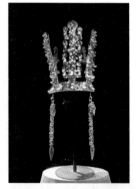

ⓞ 경상북도 경주시 일정로 186 ⓒ 054-740-7500 ⓞ 10:00~18:00
(공휴일·1~2월 토요일 ~19:00, 마지막 주 수요일·3~12월 토요일 ~21:00)
ⓦ 무료(특별 전시 별도) ⓦ gyeongju.museum.go.kr ⓟ 가능 ⓠ KTX 신경주역
정류장에서 700번 버스 탑승 후 동궁과월지 하차 / 경주고속버스터미널
정류장에서 11·600~608번 버스 탑승 후 국립경주박물관 하차

찹쌀도넛과 콩국을? 경주원조콩국

콩국, 콩국수, 순두부찌개 등 콩을 주재료로 한 음식을 내는 곳이다.
1956년 시장에서 두부 공장을 하던 사장님이 콩 삶은 물을 굶주린
이웃에게 나눠 주던 것이 이곳의 시작이다. 지금은 아들이 가게를
이어받아 운영한다. 대표 음식은 따뜻한 콩국인데 찹쌀도넛, 달걀노른자,
꿀 등의 토핑을 넣어 먹는 점이 특별하다. 콩국과 찹쌀도넛이라는
생소한 조합에 고개가 갸우뚱해지지만 다음 날 아침이면 다시 생각나는
묘한 매력이 있다.

🏠 경상북도 경주시 첨성로 113 📞 054-743-9643 🕐 06:00~20:00(브레이크 타임 10:30~11:30, 16:30~
17:30) ❌ 일요일 🅿 가능 ➕ 동궁과 월지

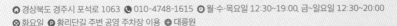

정성으로 내린 드립 커피 가배향주

황리단길 중간에 자리한 핸드 드립 카페다. 커피머신을 사용하지 않고
핸드 드립으로만 커피를 내린다. 평범하기 그지없는 외관이지만 카페
문을 열고 들어서면 딴 세상이다. 한옥의 대들보와 서까래를 그대로
살려 독특한 분위기를 자아낸다. 낡은 가구와 통나무 테이블, 투박한
도자기 컵 등이 공간에서 자연스럽게 조화를 이룬다. 한 잔 한 잔 정성껏 내린
커피 맛도 훌륭하다.

🏠 경상북도 경주시 포석로 1063 📞 010-4748-1615 🕐 월·수·목요일 12:30~19:00, 금~일요일 12:30~20:00
❌ 화요일 🅿 황리단길 주변 공영 주차장 이용 ➕ 대릉원

경주를 대표하는 커피 커피플레이스

커피플레이스는 경주에서 시작해 울산, 부산, 포항까지 진출한 경주의
로컬 커피 브랜드다. 경주에 카페가 많지 않던 2010년에 처음 문을
열었고, 현재 경주에만 7개 매장이 있다. 경주에서 알아주는 커피
맛집으로 지나온 시간만큼 단골도 많다. 그중 경주 봉황대 바로 앞에
자리한 본점(노동점)은 창문 너머 커다란 고분이 액자처럼 걸려 있어
고즈넉한 분위기가 특징이다. 디저트 종류는 판매하지 않지만 커피 맛이 워낙 훌륭해 그것만으로도
충분하다. 차가운 우유에 에스프레소 더블을 올려 맛이 진하고 고소한 '직원용 라테'가 특히 맛있다.

🏠 경상북도 경주시 중앙로 18 📞 070-4046-2573 🕐 09:00~19:00 ❌ 일요일 🅿 인근 노동공영주차장 이용
➕ 대릉원

푸른 청보리밭 한 바퀴

제주 가파도

청보리

섬

세상이 온통 봄빛으로 물드는 4월이 되면 마음에 살랑살랑 제주 바람이 분다. 청보리의 초록빛과 바다의 푸른빛만으로 채워진 꿈결 같은 가파도가 나를 부르기 때문이다. 아름다운 바다와 환상적인 전망의 오름, 마냥 걷기 좋은 올레길 등 가야 할 곳, 봐야 할 곳이 넘쳐나는 제주지만 그런 것은 조금 제쳐 두고서라도 4월에는 가파도를 가야 한다. 파도처럼 넘실거리는 청보리 물결 속에서 바람이 들려주는 봄의 소리에 귀 기울이면 도시에서의 복잡한 마음이 바람과 함께 저 멀리 날아간다. 그리고 그것이 날아간 자리는 맑은 하늘과 새파란 바다, 초록으로 물든 청보리의 싱그러움이 채운다.

멀리 송악산이 보이는 바닷길을 따라 섬을 한 바퀴 걸었다. 청보리밭 사이로 가지런히 나 있는 길도 걸었다. 이 세상에 바다와 나 그리고 아름다운 이 섬까지, 오직 셋만 존재하는 것처럼 고요하고 잠잠했다. 마음이 편안해지면서 세상이 아름다워 보이니 걸음이 자꾸만 느려졌다. 서두를 것은 없었다. 드넓은 청보리밭과 바다가 전부인 가파도에서 할 수 있는 일은 바다를 옆에 두고 청보리밭 사이를 걷는 것 외에는 딱히 없으니 말이다. 그저 온몸과 마음을 초록빛 섬에 맡기고 초록에 스며드는 것, 가파도에서는 그것이면 충분하다.

바다 위에 납작 엎드린 모양새의 가파도는 섬 둘레가 약 4.2km인 작은 섬이다. 어른 걸음으로 두어 시간이면 바다를 바라보며 섬을 한 바퀴 돌아볼 수 있고, 자전거로는 30분이면 충분하다. 가장 높은 곳이 해발 20.5m밖에 되지 않아 걷기에도, 자전거를 타기에도 전혀 힘들지 않다. 자전거는 가파도 상동포구 앞 대여점에서 빌릴 수 있다.

가파도는 모슬포 운진항에서 정기 여객선을 타고 갈 수 있으며 10분 정도 소요된다. 기상 상황 및 계절에 따라 운항 시간이 변경될 수 있으니 사전에 홈페이지나 전화로 꼭 확인하자. 현장 발매는 잔여 좌석이 있을 때만 가능하므로 최소 2일 전 사전 예매(홈페이지 또는 전화 이용, 당일 예약 불가)를 권장한다.

운진항 정기 여객선

- 🏠 제주도 서귀포시 대정읍 최남단해안로 120
- 📞 064-794-5490
- 🕐 운진항 → 가파도 09:00~16:00 매시 정각 출발(15:00, 16:00는 편도만 운항)
  가파도 → 운진항 09:20~16:20 매시 20분 출발
- 💰 왕복 14,100원(해상공원 입장료 포함) ※신분증 지참
- 🌐 wonderfulis.co.kr
- 🅿️ 가능

- 📍 제주시버스터미널 정류장에서 151·152·252·253·255번 탑승 후 모슬포 남항 여객선 터미널(운진항) 하차
- 🧭 가파도 → 송악산 둘레길

바다와 손잡고 걷는 길
송악산 둘레길

🏠 제주도 서귀포시 대정읍
송악관광로 421-1
📍 제주시버스터미널 정류장에서
282번 버스 탑승 후 상창보건진료소
하차, 752-2번 버스 환승 후
산이수동 하차, 도보 10분

제주시 최남단의 오름인 송악산은 이미 폭발한 분화구에서 또다시 폭발이 일어나 형성된 이중 화산체다. 절벽에 부딪치는 파도 소리가 크고 웅장해 절울이 오름이라는 별명이 붙었다. 바닷가를 따라 만든 둘레길은 경사가 심하지 않아 걷기에 수월하다. 한쪽은 바다를, 다른 한쪽은 말이 풀을 뜯는 평화로운 들판을 감상하며 걷다 보면 길이 끝나는 것이 아쉬울 정도로 행복하다. 오르막이 끝날 때마다 눈앞에 펼쳐지는 새로운 절경에 감탄사를 내뱉느라 힘든 것도 잊어버린다.

바다와 맑은 하늘이 만나 더 짙고 푸른 풍경의 송악산 둘레길을 걸으려면 일기예보 확인은 필수다. 온통 푸른색으로 가득한 길 위에서 송악산 꼭대기에서 불어오는 바람을 마주해 보자.

뿔소라 샌드위치와 청보리 미숫가루 **가파리212**

오래된 주택을 개조한 아늑하고 편안한 느낌의 카페다. 가파도
상동포구에서 오른쪽으로 조금만 걸어가면 쉽게 찾을 수 있다.
뿔소라를 다져 넣은 샌드위치와 청보리 미숫가루가 대표 메뉴로 가볍게
식사를 해결하거나 출출한 배를 채우기에 그만이다. 상동포구 근처에
있어 가파도에 도착한 후나 제주 본섬으로 가는 배를 타기 전에 들르기 좋다.
시원하게 바다가 보이는 마당에 마련한 자리에 앉으면 시간 가는 줄 모른다.

⌂ 제주도 서귀포시 대정읍 가파로 257-10　📞 010-8856-1232　🕐 영업시간 수시로 변경되니 방문 전 전화로 확인

가파도 최고의 전망 **블랑로쉐**

상동포구 근처, 전망이 엄청난 루프톱 카페다. 2층에 오르면 제주
본섬은 물론이고 한라산까지 보인다. 멀리는 바다와 한라산을,
가까이는 초록의 청보리밭을 바라보며 여유를 만끽할 수 있어
가파도 여행자들에게 많은 사랑을 받는 곳이다. 청보리 가루를 넣은
아이스크림과 청보리크림라테, 한라봉에이드 등이 대표 메뉴. 날씨가 좋은 날
2층의 루프톱 자리가 빛을 발한다.

⌂ 제주도 서귀포시 대정읍 가파로 239　📞 064-794-3370　🕐 4~10월 10:30~17:00, 11~3월 10:30~16:00
⊗ 풍랑주의보 발효 시 휴무, 인스타그램(@blancrocher_gapado) 공지 확인

푸짐한 바다 한 그릇 **가파도해물짜장짬뽕**

몇 해 전, 좋은 재료로 정직하게 음식을 만드는 이른바 착한 식당을
소개하는 TV 프로그램에 나와 유명해진 곳이다. 직접 잡은 해산물과
시금치즙을 넣은 면으로 짜장과 짬뽕을 정성껏 만들어 낸다. 미역,
우뭇가사리, 홍합, 새우, 문어, 뿔소라 등 해산물이 넘치도록 들어간
해물짬뽕은 가파도의 바다가 한 그릇에 담긴다. 가파도를 떠나온 뒤에도
이따금 생각나는 곳이다.

⌂ 제주도 서귀포시 대정읍 가파로67번길 1　📞 064-794-6463　🕐 09:00~15:30

길 위에
길이 있다면

마음을 치유하는 걷기 여행

가을이 춤추는 억새밭 길

서울 하늘공원

↗ **억새**

↗ **가을**

계절을 가장 가까이에서 느끼는 방법은 계절이 깊게 물든 자연을 찾아가는 것이다. 봄에는 아리따운 꽃을 찾아다니고 여름에는 초록이 짙은 숲으로 휴가를 떠난다. 가을엔 알록달록 화려한 단풍놀이를 즐기고 겨울엔 눈이 소복하게 쌓인 길을 걷는다. 그러다 보면 잊지 않고 제때 찾아오는 계절과 자연의 변화에 새삼 감사함을 느끼게 된다. 상암동 하늘공원을 가을에 찾는 이유도 비슷하다. 1년 중 한 계절에만 만날 수 있는 억새밭이 기다리고 있기 때문이다. 하늘공원은 난지도 쓰레기 매립장을 재정비해 자연 친화적 공원으로 탈바꿈한 월드컵공원의 일부다. 파리, 먼지, 악취의 삼다도라 불리며 흉물스럽기만 했던 서울의 쓰레기 산이 1996년부터 6여 년간의 안정화 사업을 통해 지금의 월드컵공원으로 거듭났다. 자연과 사람이 평화롭게 만나는 평화의공원, 서울의 노을이 아름답게 펼쳐지는 노을공원, 버들가지 피어나는 난지천공원 그리고 하늘과 맞닿은 들판 하늘공원 등 4개 공원으로 이루어져 시민들을 맞이한다. 공원이 조성된 지 20년 가까이 흐른 지금, 쓰레기로 뒤덮였던 산에 풀과 나무가 자라고 꽃이 핀다. 생태계가 복원되어 동물의 보금자리가 되고, 노을과 바람이 머무는 아름다운 쉼터가 되었다.

매년 가을이 되면 약 165,000m²에 달하는 하늘공원 전체가 은빛으로 물들어 꿈결 같은 들판이 된다. 억새밭 사이의 오솔길을 따라 걸으며 파도처럼 일렁이는 은빛 물결을, 바람이 억새를 만나 만들어 내는 가을의 소리를, 보송보송한 솜사탕처럼 피어난 핑크뮬리를 만난다. 바람에 흔들릴 때마다 다른 빛깔로 반짝이는 억새를 찍느라 카메라는 쉴 틈이 없다.

하늘공원이 가장 아름다운 시간은 해가 뉘엿뉘엿 넘어갈 무렵이다. 한강 너머 서쪽으로 태양이 저물어 갈 때면 은빛 억새가 하늘빛을 머금어 금빛으로 반짝인다. 해가 지기 전 하늘공원에 올라 노을 질 무렵 금빛으로 변하는 억새 물결과 붉게 물든 서울을 함께 만나 볼 것을 추천한다. 해가 지고 나면 강에서 불어오는 바람이 쌀쌀하게 느껴지니 따뜻하게 챙겨 입도록 한다.

하늘공원에 도달하려면 공포의 계단이라 불리는 291개의 계단을 올라야 한다. 계단 오르기가 힘들거나 휠체어, 유아차를 사용해야 한다면 난지천공원 주차장에서 출발하는 맹꽁이열차를 이용한다. 난지천공원 주차장-하늘공원 왕복 열차를 3,000원에 이용할 수 있다.

ⓐ 서울시 마포구 하늘공원로 95
📞 02-300-5501
🕐 07:00~18:00 ※월마다
　　유동적으로 변동, 홈페이지 확인

🌐 parks.seoul.go.kr/template/sub/
　　worldcuppark.do
🅿 난지천공원 주차장 이용

───────────────────────────────

📍 지하철 6호선 월드컵경기장역 1번 출구에서 도보 10분
🚶 한국영상자료원 → 문화비축기지 → 하늘공원

시네마 천국
한국영상자료원

상암동 디지털미디어시티에 위치한 한국영상자료원은
국내외 영화와 영상에 대한 다양한 자료를 한데 모아
전시 및 상영하는 곳이다. 영상도서관, 한국영화박물관,
시네마테크로 이루어져 있으며 모두 무료로 이용할 수
있다. 영상도서관에서는 국내외 영화와 영상 자료, 포스터,
스틸 사진, 시나리오, 도서 등을 살펴볼 수 있으며, 분기별로
작품을 선정해 '영상도서관 큐레이션' 프로그램을 진행한다.
한국영화박물관은 과거부터 현재까지 한국 영화에 대한 모든
것을 망라한 곳으로 '우리 영화 100년의 기억'이라는 주제의
상설 전시와 다양한 테마로 진행하는 기획 전시를 만날 수
있다. 국내외 영화와 영상 자료를 상영하는 시네마테크에서는
쉽게 접할 수 없는 수준 높은 영화와 영상을 관람할 수 있다.
지난 5월 윤여정 배우의 아카데미 여우조연상 수상을 기념해
그가 출연한 영화를 10일 동안 상영하는 '윤여정 특별전'을
개최했다.

⊙ 서울시 마포구 월드컵북로 400
☎ 02-3153-2001
⊙ 영상도서관 화~금요일
10:00~13:00, 14:00~18:30,
토·일요일 10:00~13:00,
14:00~17:30 ※2022년 4월 현재
사전 예약제로 운영 / 한국영화박물관
화~금요일 10:00~18:30,
토·일요일 10:00~17:30
⊗ 월요일, 1월 1일, 명절 연휴,
창립기념일(1월 18일), 근로자의 날
⊕ www.koreafilm.or.kr
Ⓟ 가능 ⊙ 지하철 6호선·공항철도·
경의중앙선 디지털미디어시티역 9번
출구에서 도보 20분

버려진 석유비축기지의 재탄생
문화비축기지

⌂ 서울시 마포구 증산로 87
☎ 02-376-8410 🅿 가능
📍 지하철 6호선 월드컵경기장역
2번 출구에서 도보 5분

문화비축기지는 1973년 석유파동 이후 석유를 저장하던 석유비축기지로 사용하다가 2002년 한일 월드컵을 앞두고 안전 문제로 폐쇄했다. 이후 2014년 서울시는 석유비축기지의 활용 아이디어를 공모했고, 여기서 당선된 '땅으로부터 읽어낸 시간'이라는 작품을 토대로 공간의 특성을 그대로 살린 친환경 문화비축기지를 조성했다. 석유를 저장하던 5개의 탱크 T1~T5는 공연장, 전시장, 다목적 파빌리온 등의 열린 문화 공간으로 이용하고, 해체된 탱크의 철판을 활용해 만든 T6은 시민을 위한 커뮤니티 공간이 되었다. 시민의 접근이 철저히 통제되었던 폐쇄적인 석유비축기지가 시민의 아이디어를 통해 시민을 위한 생태 문화 공간으로 거듭난 의미 있는 곳이다.

기본에 충실한 수제 버거 **크라이치즈버거**

부천대학교 인근에서 작은 가게로 시작해 서울까지 확장한
수제 버거 전문점이다. 재료의 맛을 최대한 살린 버거는
기본에 충실해 과하지 않고 단순하다. 7시간 동안 저온으로
숙성해 구워 내는 빵과 직접 만든 순 소고기 패티, 치즈와
소스, 약간의 채소가 재료의 전부다. 하지만 단순한 재료로
기본의 맛을 뽑아내는 것이 어려운 법. 퍽퍽하지 않고
부드러운 빵, 적당한 육즙을 품은 소고기 패티, 과하지 않게
조화를 이룬 양파와 채소 등 무엇 하나 넘치거나 부족함
없이 조화를 이룬다. 작은 햄버거 가게가 입소문을 타고
점점 크게 뻗어 나갈 수 있었던 비결은 욕심부리지 않고
원칙을 지키며 기본에 충실했기 때문 아닐까.

📍 서울시 마포구 매봉산로 75 📞 02-304-6244
🕐 11:00~21:30 🅿 가능 ➕ 한국영상자료원

천천히 즐기는 식사의 즐거움 **식락**

상암동에 근무하는 직장인들 사이에서 양질의 사케동,
카이센동을 맛볼 수 있는 곳으로 소문난 음식점이다.
일본의 스시 학교와 스시 식당에서 쌓은 경험을 바탕으로
질 좋은 연어와 참치, 장어 등을 정갈하게 올린 덮밥을
낸다. 식락이라는 가게 이름처럼 신선하고 탱탱한 해산물
하나하나를 천천히 음미하며 즐기기 좋다. 오전 11시
30분부터 오후 2시까지 영업시간이 굉장히 짧은 편이니 방문
전 시간을 꼭 체크하자. 또 12시부터 1시까지는 직장인이
워낙 많이 몰리니 최대한 이 시간은 피해서 가는 것이 좋다.

📍 서울시 마포구 월드컵북로 396, 누리꿈스퀘어 지하 1층 1024호
📞 02-6957-2991 🕐 11:30~14:00 ✖ 토·일요일, 공휴일 🅿 가능
➕ 한국영상자료원

커피 한 잔에 담긴 진심 **행복커피**

세상에는 셀 수 없이 많은 카페가 있지만 손님에게, 그리고
커피에 유난히 더 진심인 주인장들이 있다. 진한 커피를
좋아하는지 연한 커피를 좋아하는지, 신맛을 좋아하는지
쓴맛을 좋아하는지, 뜨거운 커피를 좋아하는지 약간 식은
커피를 좋아하는지 등 손님의 취향을 살뜰하게 묻고 그에
맞춘 커피를 내준다. 매장에서 직접 로스팅과 블렌딩을 하는
주인장의 정성이 더해져 커피 맛이 한층 더 풍부하고 깊다.
머무는 동안 불편한 점과 부족한 점은 없었는지 다정하게
묻고 챙겨 주는 주인장 부부 덕분에 4,000원짜리 커피 한
잔에 마음이 꽉 차도록 행복해졌다. 설탕을 1g도 넣지 않고
100% 과일로만 만든 계절 과일 주스도 꼭 맛보자.

⌂ 서울시 마포구 월드컵북로54길 25, 상암 DMC 푸르지오시티
오피스텔동 217호 ☎ 02-308-7984 ⊙ 월~금요일 07:00~22:00,
토요일 11:00~21:00 ✕ 일요일 ℗ 가능 ⊕ 한국영상자료원

산으로 둘러싸인 호수 길

포천 산정호수

♯ 호수

♯ 수변 데크

정말 잘했어
산정호수오길

산정호수를 처음 찾았던 것은 언제인지 확실히 기억나지 않는 어린 시절이다. 부모님 손에 이끌려 갔던 산정호수에서, 호수보다는 입구의 유원지와 그곳에서 파는 아이스크림에 더 관심이 갔다. 가끔 텔레비전이나 책에서 산정호수라는 이름을 마주할 때면 어린 시절 아이스크림을 손에 들고 부모님을 따라다니던 그날의 장면이 빛바랜 사진처럼 떠오르곤 한다. 그보다 훨씬 나이가 들어 다시 찾은 산정호수는 내 기억 속 모습과는 완전히 달랐다. 거울처럼 잔잔한 호수와 주변의 산세가 어우러져 만들어 낸 그림 같은 풍광. 그때의 부모님은 내게 이런 비경을 보여 주고 싶으셨을 텐데, 자연보다는 아이스크림이 더 좋았던 우리 삼 남매의 모습이 그려져 피식 웃음이 나왔다.

포천의 대표적 명소인 산정호수는 명성산과 망봉산, 망무봉이 병풍처럼 둘러싸고 있는 둘레 약 3.5km, 수심 23.5m의 넓고 깊은 호수다. 1925년 일제강점기에 농업용 저수지로 축조했고 1977년 국민관광지로 지정되면서 식당과 숙박업소, 놀이공원 등이 들어서기 시작했다. 겨울에는 꽁꽁 언 호수 위를 오리 썰매를 타고 누비는 썰매 축제가 열린다. 농업용 트랙터가 오리 썰매를 끄는 모습은 그 어디에서도 볼 수 없는 독특하고 재미있는 풍경이다. 호수 주변에는 편안하게 걸을 수 있는 둘레길을 조성해 산책을 즐기기에 더없이 좋다. 산정호수의 하이라이트는 하동주차장 부근에서 시작되는 1km 남짓의 수변 데크다. 호수 위에 데크를 설치해 물 위를 걷는 듯한 기분으로 산책을 즐길 수 있다. 산과 호수의 기운을 만끽하며 걷다 보면 수변 데크는 금세 끝나지만 이어서 소나무가 우거진 솔숲 길이, 솔숲 길을 지나면 적송나무 아래의 데크 길과 제방 길이 차례로 나타난다. 길을 이대로 지나치기 아쉽다면 곳곳에 놓인 벤치에 앉아 산과 호수를 조금 더 오랫동안 눈과 마음에 담아 보자.

○ 경기도 포천시 영북면 산정호수로
   411번길 104
○ 031-532-6135
○ www.sjlake.co.kr
○ 수변 데크는 하동주차장 이용
   (1일 기준 2,000원)

───────────────────

○ 지하철 1·7호선 도봉산역 1번 출구 앞
   광역환승센터 정류장에서 1386번 버스
   탑승 후 하동주차장 하차
○ 산정호수 → 돌담병원 → 비둘기낭폭포
   → 포천아트밸리

신비로운 골짜기
포천아트밸리

이곳은 원래 1960년대부터 화강암을 채석하던 채석장이었으나 1990년대 이후 화강암 생산량이 감소하면서 운영이 중단되었고 이후 흉물스럽게 방치된 채 14년이 흘렀다. 버려진 채석장에 포천시가 다시 생명을 불어넣어 2009년 자연과 문화, 예술이 모인 친환경 복합 예술 공간으로 새롭게 태어났다. 천문과학관, 조각공원, 하늘공원, 야외 공연장, 호수 공연장, 천주호 등으로 이루어져 있으며 역사와 생태, 문화, 예술을 다양하게 즐길 수 있어 연간 약 400,000명이 찾는 포천의 명소가 되었다.

그중 절대로 놓치지 말아야 할 것은 화강암을 채석하며 파낸 웅덩이에 샘물과 빗물이 유입되어 만들어진 천주호다. 호수에 가라앉은 화강토가 반사되어 영롱한 에메랄드빛으로 반짝이는 것이 특징이다. 에메랄드빛 호수와 병풍 같은 화강암 절벽이 만들어 내는 신비로운 풍광은 <푸른 바다의 전설>, <달의 연인>, <화유기> 등의 드라마에 배경으로 등장하기도 했다.

⌂ 경기도 포천시 신북면
아트밸리로 234 ☎ 1668-1035
⏱ 3~10월 09:00~22:00(월요일
~21:00), 11~2월 09:00~21:00
※2시간 전 입장 마감
✕ 첫째 주 월요일 ₩ 5,000원
🌐 artvalley.pocheon.go.kr 🅿 가능
📍 지하철 1·7호선 도봉산역
1번 출구 앞 광역환승센터
정류장에서 1386번 버스 탑승 후
신북면행정복지센터·포천아트밸리
하차, 73번 버스 환승 후 포천아트밸리
하차 또는 택시로 3분

드라마에서 보았던 그곳 돌담병원

드라마 <낭만닥터 김사부>의 주요 배경으로
나왔던 장소다. 산정호수 둘레길에서 표지판을
따라 조금만 걸어가면 나온다. 원래 호텔로
운영하다가 폐업 후 방치되었던 건물인데
드라마에 등장한 이후 일부러 찾아가는
명소가 되었다. 우거진 소나무 사이로 익숙한
간판과 병원 건물이 보이고 응급 의료 센터,
히포크라테스 선서문 등 TV에서 본 모습
그대로 남아 있다. 건물 어디에선가 수술복
입은 의사들이 분주하게 환자를 돌보고 있을
것만 같아 괜히 설렌다. 아쉽게도 건물 내부는
들어가 볼 수 없지만, 솔숲에 호젓하게 자리한
건물을 바라보면서 드라마 속 장면을 떠올리는
것만으로도 즐겁다.

🏠 경기도 포천시 영북면 산정호수로 771 🅿 가능
🚇 지하철 1·7호선 도봉산역 1번 출구 앞 광역환승센터
정류장에서 1386번 버스 탑승 후 산정호수·상동주차장 하차,
도보 10분

한 걸음 더

화산이 만든 폭포
비둘기낭폭포

◎ 경기도 포천시 영북면 대회산리
415-2 ☎ 031-839-2061
◎ 09:00~18:00 ⓟ 가능
◉ 지하철 1·7호선 도봉산역
1번 출구 앞 광역환승센터
정류장에서 1386번 버스 탑승 후
포천시청앞 하차, 53번 버스 환승
후 유네스코세계지질공원·비둘기낭
하차 / 산정호수·상동주차장
또는 하동주차장 정류장에서
10번 버스 탑승 후 유네스코
세계지질공원·비둘기낭 하차

한탄강 8경 중 하나인 비둘기낭폭포는 약 270,000년 전 강원도 평강에서 폭발한 화산의 용암이 포천까지 흘러와 만들어졌다. 폭포 주변의 동굴과 주상절리, 판상절리 등은 철원, 연천 지역의 지형과 지질학적 형성 과정을 이해하는 데 매우 중요한 실마리가 된다. 특히 용암 분출에 의한 지형의 변동과 폭포 형성 과정을 알 수 있어 지질학적 가치가 매우 크다. 이에 2012년 문화재청에서 천연기념물 제537호로 지정했다.

비둘기낭이라는 이름은 폭포 뒤편 동굴에 수백 마리의 비둘기가 서식해 그리 불렀다고도 하고, 움푹 파인 지형이 비둘기 둥지를 닮아서 붙인 이름이라고도 한다. 자연 그대로의 모습을 간직한 이 폭포는 <킹덤>, <아스달 연대기>, <괜찮아, 사랑이야>, <추노>, <선덕여왕>, <최종병기 활> 등 영화와 드라마의 단골 촬영지로도 유명하다.

카페 앞마당이 산정호수 **가비가배**

산정호수의 수변 데크가 끝나는 곳에 자리한 한옥 카페. 뒤로는 명성산 망무봉이 자리하고, 앞으로는 산정호수를 품고 있다. 개화기 조선에 들어온 커피를 가비차 또는 가배차라고 부른 것에서 가비가배라 이름 붙였다. 산 아래 그림처럼 앉아 있는 한옥의 자태도 아름답지만 이곳의 자랑은 카페 앞마당 너머로 시원하게 펼쳐진 산정호수다. 산책 후 산정호수가 액자처럼 걸린 창가에서 가비차를 마시며 여유를 즐겨 보자.

🏠 경기도 포천시 영북면 산정호수로 849-130 📞 031-535-3460 🕐 월~금요일 10:00~17:30, 토·일요일 10:00~18:00 🅿 가능 ※산정호수 주차장을 이용하지 않더라도 산정호수 시설 사용료 2,000원 부과(상동 또는 하동주차장으로 나가면서 정산) ➕ 산정호수

막걸리 한 잔 **옹기종기**

산정호수 음식경연대회에서 수상한 명인이 운영하는 작은 국숫집으로 담백하면서도 푸짐한 국수를 맛볼 수 있다. 파, 당근, 양파 등을 듬뿍 넣고 노릇하게 부쳐 내는 도토리파전이 별미다. 가볍게 딱 한 잔만 즐길 수 있는 메뉴로 '막걸리 한 잔'이 있다. 고소한 도토리파전, 시원한 국수 한 사발과 함께 먹으면 둘레길을 걷는 내내 든든하고 행복할 것만 같다. 실내가 매우 좁아 주로 야외 테이블을 이용하므로 너무 춥거나 더운 계절에 방문하는 것은 추천하지 않는다.

🏠 경기도 포천시 영북면 산정호수로 836 📞 031-532-6250 🕐 10:00~19:00 ❌ 월요일 🅿 가능 ※산정호수 주차장을 이용하지 않더라도 산정호수 시설 사용료 2,000원 부과(상동 또는 하동주차장으로 나가면서 정산) ➕ 산정호수

건강한 집밥 한 상 **옛날전통된장집**

직접 담근 된장과 청국장으로 끓인 찌개와 제육볶음 등 가정식을 판다. 근처 골프장을 가는 사람들을 위해 이른 새벽부터 문을 열고 오후 3시에 닫는다. 뚝배기에 보글보글 끓여 나오는 된장찌개는 마트에서 파는 된장으로 끓인 것과 맛의 깊이가 다르다. 열무김치, 깻잎김치, 고추장아찌 등 맛깔스러운 밑반찬과 달걀 프라이, 쌈 채소, 된장 그리고 후식으로 내주는 찐 감자 한 알까지 어머니가 정성스럽게 차려 주신 집밥이 생각나는 곳이다.

🏠 경기도 포천시 영북면 산정호수로 374 📞 031-534-5034 🕐 04:00~17:30 🅿 가능 ➕ 산정호수

역사와 자연을 만나는 길
인천 강화나들길

- 유적

- 생태

서울에서 자동차로 1시간 남짓이면 닿는 강화도는 어디라도 가고 싶을 때 혼자서 가볍게 방문할 수 있는 곳이다. 강화나들길은 코스도 다양해 원하는 길을 선택해 걷기 좋으며 강화도가 품고 있는 문화와 역사뿐 아니라 아름다운 바다와 황홀한 노을까지 만날 수 있다. 나들이 가듯 훌쩍 떠나 역사를 되새기고 자연을 마음에 담아 올 수 있는 고마운 여행지다.

강화나들길은 강화 토박이인 화남 고재형 선생이 남긴 책《심도기행沁都紀行》을 바탕으로 강화도의 여러 길을 찾아 연결해 조성되었다. '심도'는 강화도의 옛 이름으로 책에는 그가 고향 땅을 누비며 기록한 강화도 역사와 자연에 관한 내용이 담겨 있다. 강화나들길은 강화 본섬에 14개 코스, 교동도 2개 코스, 석모도 2개 코스, 주문도, 볼음도 등 총 20개 코스 310.5km로 구성된다. 세계문화유산으로 지정된 고인돌, 전쟁과 수난의 역사, 고려 왕이 머물렀던 왕궁 터 등 발길 닿는 곳마다 역사가 깃든 지붕 없는 역사박물관이다. 그뿐이 아니다. 천연기념물의 번식과 철새의 생존에 큰 역할을 하는 강화도 서쪽 갯벌은 미국 동부 조지아 연안, 캐나다 동부 연안, 브라질 아마존 유역, 유럽 북해 연안의 갯벌과 함께 세계 5대 갯벌로 불린다. 역사적, 환경적, 생태적으로 큰 의미가 있는 강화도는 섬 전체가 박물관이자 생태 공원이라 해도 과언이 아니다.

대중교통을 이용한다면 강화군청 근처 강화여객자동차터미널을 거점으로 여행을 시작하는 것이 좋다. 강화나들길의 각 코스에 대한 정보는 홈페이지(www.nadeulgil.org)에서 확인하자.

총 17km, 5시간 50분 소요

2코스 호국돈대길

고려와 조선의 역사, 문화를 따라 걷는
길로 학생들의 현장학습 단골 코스다.
고려 시대 몽골과의 항쟁, 조선 말
병인양요, 신미양요, 병자호란 등의
전쟁으로부터 나라를 지키고 목숨을 바친
호국 용사들의 의지와 혼이 서린 길이다.

🚩 갑곶돈대 → 용진진 → 용당돈대 → 화도돈대 →
오두돈대 → 광성보 → 용두돈대 → 덕진진 → 초지진

총 11km, 4시간 소요

15코스 고려궁 성곽길

몽골에 맞선 고려 역사와 외세의 침략에 저항한 조선 역사를
모두 살펴볼 수 있다. 궁궐이 있던 고려궁지, 궁궐을 지키던
강화산성, 조선 최초의 한옥 성당인 강화성당 등 고려와
조선을 함께 느끼며 걷는 길이다.

🚩 남문 → 남장대 → 국화저수지 → 북문 → 동문

총 23.5km, 7시간 30분 소요

20코스 갯벌 보러 가는 길

강화도 바다를 제대로 느낄 수 있는 코스로 해 질 무렵의
풍광이 백미다. 특히 선명하고 짙은 일몰을 감상할 수 있는
장화리 일몰조망지와 갯벌이 아름다운 동막해수욕장은
여행자들이 가장 사랑하는 곳이다.

🚩 분오리돈대 → 미루돈대 → 갯벌센터 → 북일곶돈대 → 장화리
일몰조망지 → 일만보길 → 내리성당

강화도 최고의 일몰
장화리
일몰조망지

20코스

강화도는 산과 바다 어디에서나 아름답고 짙은 석양을
만날 수 있는 섬이다. 그중에서도 강화도 서남쪽에 위치한
장화리 낙조마을은 최고로 아름다운 석양을 볼 수 있는
장소로 손꼽힌다. 2012년 장화리 낙조마을에 일몰조망지가
조성된 이후 많은 여행자와 사진작가의 사랑을 받는 명소로
자리매김했다. 구름이 없고 맑은 날 해 질 무렵이면 강화도
곳곳에 흩어져 있던 사람들이 장화리로 모여든다. 약 800m에
이르는 길 위에서 석양을 바라볼 수 있어 사람이 많아도 그리
붐비지 않는다.

짙게 물든 노을을 바라보며 외세의 침략에 끈질기게 저항하고
지켜 낸 강화도의 치열했던 시간을 떠올렸다. 수고스러운
하루를 보내고 저물어 가는 태양이 왠지 모르게 애틋하게
느껴져 바다 너머로 사라질 때까지 보고 또 보았다. 강화도
일몰이 더 아름다운 이유는 포기하지 않고 꿋꿋하게 견뎌 낸
그 시간이 묻어 있기 때문 아닐까.

📍 인천시 강화군 화도면 장화리
1351 🅿 가능
📍 강화여객자동차터미널 내
정류장에서 3·4번 버스 탑승 후
해넘이마을 하차

가슴 아픈 역사의 흔적

고려궁지

몽골의 침입에 대항하기 위해 강화도로 수도를
옮긴 고려 왕조가 1232년부터 1270년까지
39년간 머물렀던 궁터. 여러 궁궐과 정궁을
비롯해 승평문, 광화문 등의 문이 있었던 것으로
추정되지만 1270년 개경으로 환도할 때 모두
허물었다고 전해진다. 1631년 조선 시대 인조가 옛
고려 궁터에 행궁을 건립하고 전각과 강화 유수부
등을 세웠으나 병자호란과 병인양요를 겪으며 프랑스군에 의해 완전히 소실되었다. 고려부터
조선까지 이어지는 민족의 수난과 아픔이 느껴지는 쓸쓸하고 위대한 역사의 흔적이다. 현재는
조선 시대 유수부 동헌과 이방청, 2003년에 복원한 외규장각 등만 남아 있다.

📍 인천시 강화군 강화읍 강화대로 394 📞 032-930-7078 🕐 10:00~18:00 💰 900원 🅿 용흥궁공원 주차장 이용
📍 강화여객자동차터미널 내 정류장에서 49번 버스 탑승 후 중앙시장 하차, 도보 9분

한국 최초의 한옥 성당

대한성공회 강화성당

1896년 강화도에서 한국인 최초로 세례식이 있었던 것을
계기로 건립한 한국 최초의 한옥 성당이다. 1981년 경기도
유형문화재로 지정되었다가 2001년 사적 제424호로
변경되었다. 성당 외부는 전형적인 한옥 형태와 구조의
사찰을 닮았지만, 안으로 들어가면 유럽 성당을 닮은 서구적
분위기의 공간이 나온다. 전통 사찰의 건축 양식과 로마의
바실리카 양식이 혼합된 건축물로 우리나라 건축사 연구에
귀중한 자료가 된다. 동서양이 결합된 독특한 분위기의
성당이라 그런지 바닥을 밟을 때마다 들리는 삐걱삐걱
소리마저도 신비롭다.

📍 인천시 강화군 강화읍 관청길27번길 10 📞 032-934-6171
🕐 10:00~18:00 🅿 용흥궁공원 주차장 이용 📍 강화여객자동차터미널 내
정류장에서 49번 버스 탑승 후 중앙시장 하차, 도보 9분

감사히 걷는 성곽 길
광성보 2코스

사적 제227호로 지정된 광성보는 강화도 해안의 수비를
강화하기 위해 1658년 조선 시대에 축조한 요새다. 고려가
몽골의 침략에 대항하기 위해 흙과 돌을 섞어 지은 강화
외성을 석재를 사용해 더욱더 튼튼하게 보강하고 광성보라
이름 붙였다. 1871년 신미양요 때 조선군은 초지진, 덕진진을
차례로 점령하고 광성보까지 쳐들어온 미군에 대항해
끝까지 싸웠지만 결국 패배하고 말았다. 당시 순국한 어재연
장군의 전적비와 49명의 장사, 200여 명의 군사를 기리는
무명용사비가 세워져 있다. 나라를 지키기 위해 치열하게
싸운 호국 용사들의 희생에 감사하는 마음으로 성곽 길을
걸어 보자.

📍 인천시 강화군 불은면 덕성리 833 📞 032-930-7070 🕐 09:00~18:00
💰 1,100원 🅿 가능 📍 강화여객자동차터미널 내 정류장에서 53·53A번 버스
탑승 후 광성보 하차

노을이 지려 한다면
동막해수욕장 20코스

세계 5대 갯벌 중 하나로 꼽힐 만큼 생태적 환경이 뛰어난
해변이다. 바닷물이 빠지면 약 4km까지 갯벌이 드러나 각종
조개를 비롯해 칠게, 쌀무늬고둥, 갯지렁이 등 다양한 바다
생물을 관찰할 수 있다. 백사장 뒤로 울창한 소나무 숲이
자리하고 조개칼국수, 회 등을 파는 식당과 펜션이 모여 있다.
이곳의 하이라이트는 해 질 무렵이다. 붉게 물든 노을이 물
빠진 갯벌에 반사되는 풍경은 가슴이 저리도록 아름답다.
장화리에서 동막해수욕장까지 이어지는 해안남로는 해 질 녘
일몰을 감상하며 드라이브를 즐길 수 있는 코스로도 유명하다.

📍 인천시 강화군 화도면 해안남로 1481 📞 032-930-7062 🅿 가능
📍 강화여객자동차터미널 내 정류장에서 3·4번 버스 탑승 후 동막해변 하차

천천히 정성껏 만든 수제 버거 **버거히어로**

미국 캘리포니아 어디쯤에 있을 것만 같은 분위기의 수제 버거집이다.
이곳의 버거는 패스트푸드가 아닌 슬로푸드에 가깝다. 매장에서 직접
빵을 굽고, 고기를 손질해 패티를 만들고, 생고기를 숙성해 베이컨까지
만든다. 재료 손질과 준비에 많은 시간이 들기에 하루에 버거 150개만
한정 판매한다. 보통 오후 2시 이전에 다 팔리니 바다가 보이는 이국적인
공간에서 정성껏 만든 버거를 맛보려면 조금 서두르는 것이 좋다.

🏠 인천시 강화군 화도면 해안남로 2714 📞 032-937-1577 🕐 09:00~14:00 ※150개 판매 완료 시 마감
❌ 화·수요일 🅿 가능 ➕ 장화리 일몰조망지

바다를 보며 즐기는 돌문어덮밥 **정원식탁**

작은 정원 너머로 바다가 보이는 창가에서 돌문어덮밥, 차돌박이덮밥,
돌문어물회, 돈가스 등을 맛볼 수 있는 예쁜 식당이다. 큼직한
돌문어가 통째로 올라간 돌문어덮밥, 돌문어와 차돌박이가 함께 든
차돌문어덮밥이 인기다. 통영에서 올라온 통통한 돌문어는 질기지
않으면서도 탱글탱글하다. 강화도 남쪽 드라이브 코스로 잘 알려진 해안남로
변에 자리해 드라이브하다가 들르기에도 좋다.

🏠 인천시 강화군 길상면 해안남로 309 📞 032-937-4417 🕐 11:00~20:00 ❌ 수요일 🅿 가능 ➕ 광성보

카페로 부활한 방직 공장 **조양방직**

1933년 일제강점기에 설립한, 직물을 생산·가공하던 방직 공장이었다.
인천시의 첫 신식 공장이었던 이곳을 시작으로 약 60개의 직물 공장이
번성했고 강화읍은 직물 산업의 메카로 발전하며 강화의 경제 부흥을
주도했다. 그러나 직물 산업의 쇠퇴와 방직 공장의 이전 등으로 1958년
폐업한 뒤 방치되었다가 2018년 미술관 겸 카페로 화려하게 부활했다.
세월의 흔적이 느껴지는 기계와 빈티지 가구, 소품을 배치해 과거로 시간 여행을 떠난 듯한 분위기다.

🏠 인천시 강화군 강화읍 향나무길5번길 12 📞 032-933-2192 🕐 월~금요일 11:00~20:00, 토·일요일 11:00~21:00
🅿 가능 ➕ 대한성공회 강화성당

바람이 소란한 대나무 길

담양 죽녹원

대나무 #

피톤치드 #

담양의 죽녹원을 떠올리면 촘촘한 대나무 사이로 빠져나가 댓잎을 흔드는 바람 소리가 귓가에 들리는 듯하다. 가끔은 그 소리가 듣고 싶어 담양이 그리워진다.

오랜만에 죽녹원을 걸은 것도 그 소리를 다시 만나기 위해서였다. 대나무 틈새를 '솨아' 지나고, 댓잎을 '사각사각' 흔드는 바람 소리. 그 소리를 들으며 죽녹원을 걸으면 머리가 맑아지고 기분이 상쾌해진다. 바람을 따라온 싱그러운 대나무 향을 맡으며 이곳을 걷는 것은 내가 나를 돌보고 치유하는 일이다.

거센 바람이 불어도 살짝 흔들리기만 할 뿐 바람이 걷히고 나면 금세 본래의 올곧은 모습을 회복하는 대나무 숲은 바라보는 것만으로도 마음이 편안해지고 단단해진다. 속은 비었으나 쓰러지거나 꺾이지 않게 스스로 지탱하는 굳센 마디를 가진 대나무. 우리의 삶도 필요 없는 것들을 비워 내고 마디를 굳세게 다지며 살아가면 대나무처럼 강건하고 유연해질까. 걸으며 사색하고 사색하며 비워 내다 보면 조금은 더 건강해진 나를 만나게 된다.

담양의 죽녹원은 2003년 5월에 문을 열었다. 310,000㎡의 울창한 대나무 숲에는 운수대통 길, 죽마고우 길, 철학자의 길, 추억의 샛길 등 총 8개의 산책로가 2.4km에 걸쳐 조성되어 있다. 이곳을 가득 채운 대나무는 소나무의 4배에 달하는 이산화탄소 흡수량을 자랑한다. 대나무는 이산화탄소를 흡수해 스트레스 해소, 신체 이완 등 몸과 마음의 안정을 가져다주고 행복감과 편안함을 증대시켜 뇌 기능을 활발하게 만든다. 또 대나무와 댓잎이 뿜어내는 피톤치드는 나무가 자신을 보호하기 위해 발산하는 천연 항균 물질로, 피톤치드가 가득한 숲길을 걸으면 몸속에서 살균 작용이 일어나 머리가 맑아지고 심폐 기능이 강화된다. 걷기만 해도 건강해지는 치유의 길이다. 죽림욕을 즐기며 걷는 산책로 끝에는 담양을 대표하는 정자들을 재현한 시가문화촌과 한옥 카페, 숙박이 가능한 한옥 체험장이 있다.

뚜벅이 여행자라면 담양공용버스터미널에서 도보로 10분 거리인
담양읍사무소(전라남도 담양군 담양읍 중앙로 83)를 먼저 찾자. 신분증을
맡기면 3시간 동안 자전거를 무료로 대여해 주며, 개인 사물함도 무료로
이용할 수 있다.

🄰 전라남도 담양군 담양읍 죽녹원로 　　09:00~18:00(30분 전 입장 마감)
　119 / 전라남도 담양군 담양읍 　🅦 3,000원
　죽향문화로 378(후문) 　🌐 www.juknokwon.go.kr
📞 061-380-2680 　🅟 정문은 관방제림 또는
🕐 3~10월 09:00~19:00(1시간 　　담양종합체육관 주차장, 후문은
　전 입장 마감), 11~2월 　　죽녹원 주차장 이용

🄰 담양공용버스터미널 정류장에서 60-1·61-1·62-1번 버스 탑승 후 죽녹원 하차 /
　담양공용버스터미널에서 도보 20분
🄰 죽녹원 → 관방제림 → 담빛예술창고 → 메타세쿼이아랜드 → 메타프로방스

담양을 대표하는 아름다움
메타세쿼이아랜드

전라남도 담양군 담양읍 담양88로 428 · 061-380-3149

5~8월 09:00~19:00, 9~4월 09:00~18:00 · 2,000원

P 가능 · 담양공용버스터미널 정류장에서 10-1·10-2·10-3·11-1·13-4번 버스 탑승 후 깊은실·메타프로방스 하차 / 담양공용버스터미널에서 도보 35분

1972년 담양읍과 순창을 잇는 약 8km 구간에 2,000여 그루의 가로수를 심은 것에서 시작된 울창한 산책로다. 그때 심은 3~4년생 어린 메타세쿼이아 묘목이 50년 가까운 세월이 지난 지금 20~30m의 키다리 나무가 되어 울창한 가로수 터널을 만들었다. 2011년에는 메타세쿼이아 길 중 일부 구간의 아스팔트를 걷어 내고 흙길을 조성해 죽녹원, 관방제림, 메타세쿼이아로 이어지는 생태 숲길을 복원했다. 바로 옆에 새로운 국도가 뚫리면서 기존 메타세쿼이아 길은 호수와 공원, 체험장, 지질공원센터 등을 갖춘 메타세쿼이아랜드라는 이름의 생태 공원으로 거듭났다. 봄에는 연둣빛으로 가득한 봄의 향기를, 여름에는 울창한 숲속의 시원한 그늘을, 가을에는 단풍잎이 만들어 내는 단풍 터널을, 겨울에는 눈 덮인 가로수 길의 비현실적인 풍경을 만날 수 있는, 사계절 내내 아름다운 곳이다.

강바람이 머무는 숲길
관방제림

🏠 전라남도 담양군 담양읍 객사리
📞 061-380-2812
🅿 관방제림 주차장 이용
📍 담양공용버스터미널에서 도보
20분

1648년 영산강의 범람으로 인한 수해를 막기 위해 제방을
쌓고, 그 제방을 보호하기 위해 나무를 심어 만든 숲이다.
제방 이름인 관방제에서 숲 이름이 만들어졌다. 약 370년
전에 심은 나무가 아름드리나무가 되어 이루는 숲은 시민과
여행자의 사랑을 받는 걷기 좋은 산책로가 되었다. 나무는
대부분이 푸조나무다. 푸조나무는 바람과 병충해에 강한
편이라 보호수로 적합한 면이 있는 반면, 추위와 공해에 약해
도시에서는 잘 자라지 못한다. 따라서 관방제림의 푸조나무
숲은 담양의 공기가 그만큼 따뜻하고 깨끗하다는 증거다.
푸조나무 외에도 느티나무, 팽나무, 벗나무, 은단풍 등 여러
종류의 활엽수가 섞여 있어 아름답고 다채로운 숲을 이룬다.
숲길을 따라 걷는 내내 숲 향기가 코끝에 머문다.

문화 공간으로 거듭난 양곡 창고 담빛예술창고

방치되었던 양곡 창고가 폐산업시설 문화재생사업을 통해
지역민과 여행자를 위한 문화 공간으로 다시 태어났다.
총 3개 건물로 이루어져 있는데 복합 전시실로 쓰는 왼쪽
창고 건물은 대중의 눈높이에 맞춘 현대미술 작품을 주로
전시한다. 남송창고라는 옛 이름이 그대로 남아 있는 오른쪽
창고는 카페와 문화 공간이다. 1층에는 자유롭게 책을 꺼내서
읽을 수 있는 공간과 대나무로 만든 파이프 오르간이 놓여
있다. 주말에는 오후 3시부터 30분간 파이프 오르간 연주회가
열린다. 마당 오른쪽 신관은 지역민을 위한 예술 교육, 청소년
미술 문화 교육, 관방제림 탐방객을 위한 역사박물관 등의
목적으로 사용한다. 건물 뒤편의 관방제림 길을 따라 걸으면
담양국수거리와 죽녹원, 메타세쿼이아랜드에 닿는다.

🏠 전라남도 담양군 담양읍 객사7길 75 📞 061-383-8241 🕐 카페 4~9월
10:00~19:00, 10~3월 09:00~18:00 / 전시관 4~9월 10:00~18:30, 10~3월
10:00~17:30 ❌ 전시관 월요일 🅿 가능 📍 담양공용버스터미널 정류장에서
311·311-1·311-2·311-3번 버스 탑승 후 담양군청 하차, 도보 12분

담양의 작은 유럽 메타프로방스

프랑스 남부 지역의 작은 마을을 모티프로 한 테마 마을로
메타세쿼이아랜드 맞은편에 자리한다. 카페와 식당, 상점,
공방, 펜션 등으로 이루어져 여행자가 많이 찾는다. 색다른
담양의 모습을 만나고 싶다면 메타세쿼이아랜드 산책 후에
가볍게 둘러보기 좋다. 인위적인 것을 좋아하지 않는다면
추천하지 않는다.

🏠 전라남도 담양군 담양읍 깊은실길 2-17 📞 061-383-1710
🌐 metaprovence.co.kr 🅿 가능 📍 담양공용버스터미널 정류장에서
10-1·10-2·10-3·11-1·13-4번 버스 탑승 후 깊은실·메타프로방스 하차

추억 한 그릇 **담양국수거리**

1970~1980년대 죽세공품을 만들어 팔던 죽물시장竹物市場 상인과
서민들이 자주 찾으면서 만들어진 먹자골목이다. 담양의 죽세공품을
사기 위해 전국 각지에서 사람들이 모여들었고, 이때 저렴하고 따뜻한
국수 한 그릇은 상인과 서민 모두에게 이보다 좋을 수 없는 먹거리였다.
죽물시장은 사라졌지만 시장이 있던 자리에 자연스럽게 국수 거리가
생겨났다. 길을 따라 한쪽에는 국숫집이, 다른 한쪽에는 야외 식탁이 줄지어 있다. 팽나무
그늘이 드리운 야외 식탁에 앉아 유유히 흐르는 관방천을 바라보며 먹어야 제맛이다.

🏠 전라남도 담양군 담양읍 객사리 ⏰ 10:30~19:00(가게마다 다름) Ⓟ 관방제림 주차장 이용 ➕ 관방제림

푸짐한 떡갈비 한 상 **옥빈관**

떡갈비와 대통밥은 담양을 대표하는 담양 10미味로 꼽힐 만큼 유명한
음식이다. 담양에 가면 이 음식들은 꼭 먹고 와야 한다. 그런데 2인분
이상 주문해야 하는 식당이 많아 나 홀로 여행자에게는 맛보기가 쉽지
않다. 하지만 옥빈관은 혼자 가도 푸짐한 떡갈비 한 상을 즐길 수 있는
고마운 식당이다. 떡갈비 정식 1인분을 주문하면 아홉 가지 반찬과 함께
대통밥과 떡갈비가 차려진다. 여기에 간장새우, 버섯탕수, 코다리 등 맛있는 반찬 덕에
밥이 부족할지도 모른다.

🏠 전라남도 담양군 담양읍 죽녹원로 97 📞 061-381-2583 ⏰ 10:30~20:30 Ⓟ 관방제림 주차장 이용 ➕ 죽녹원

휴양지를 닮은 카페 **소예르**

동남아 휴양지를 닮은 야외 공간과 정갈하고 아늑한 실내 공간이 조화를
이룬 예쁜 카페다. 오픈하자마자 입소문을 타고 퍼지면서 담양 최고의
인기 카페가 되었다. 댓잎 가루를 넣은 댓잎크림라테, 댓잎 가루를
넣은 시트로 만든 밤부딸기케이크, 진하고 쫀쫀한 바스크치즈케이크 등
이곳의 대표 메뉴는 늦은 오후에 가면 이미 다 팔려 구경하기 힘들 정도로
인기가 좋다. 사람 많고 붐비는 곳을 꺼려한다면 추천하지 않는다.

🏠 전라남도 담양군 담양읍 지침6길 78-6 📞 061-383-5819 ⏰ 화~목요일 11:00~19:00, 금~일요일 11:00~20:00
❌ 월요일 Ⓟ 가게 앞 또는 인근 신청관아구찜 주차장 이용 ➕ 담빛예술창고

섬을 잇는 섬티아고 순례길

신안 기점·소악도

섬

성지 순례

스페인에 산티아고 순례길이 있다면 한국에는 섬티아고 순례길이 있다. 전라남도 신안의 천사섬 일부에 12사도의 이름을 딴 12개의 예배당을 짓고 섬과 섬을 연결한 순례자의 섬, 일명 '섬티아고 순례길'이다. 그 흔한 편의점 하나 없으며 하루 두 번 만조 시간이 되면 몇몇 길이 사라져 꼼짝없이 3시간을 기다려야 한다. 조금은 느리고 불편한 섬의 시간마저도 이 순례길의 일부다.

목포역에서 버스를 타고 송공여객선터미널에 도착해 배를 타고 1시간 정도 바닷길을 달리면 섬티아고 순례길이 시작되는 대기점도에 닿는다. 선착장 바로 앞 첫 번째 예배당인 베드로의 집 옆의 작은 종을 치는 것으로 본격적인 섬티아고 순례가 시작된다. 12km에 걸쳐 흩어져 있는 12개의 예배당을 모두 둘러보는 데 걸리는 시간은 약 4시간. 하루 두 번 만조 때는 물에 잠기는 길이 있으니 물때를 꼭 확인해야 한다. 물때가 맞지 않거나, 보다 여유 있게 순례길을 걷고 싶다면 섬 내의 게스트하우스나 민박에서 하루 묵어 가는 것도 좋다.

섬티아고 순례길은 종교를 떠나 길 위에서 나를 돌아보고 사색하고자 하는 사람이라면 누구나 환영하는 곳이다. 바다로 둘러싸인 섬과 섬 사이를 잇는 노둣길을 따라 고요한 바다 위를 걷다 보면 말로 설명할 수 없는 위로와 치유를 얻는다. 곳곳에 안내판과 이정표가 잘 정비되어 있으니 길 잃을 염려는 하지 않아도 된다.

송공여객선터미널

- 전라남도 신안군 압해읍 압해로 1846-1
- 061-261-4221
- 송공항 → 대기점도 06:50·09:30·12:50·
  15:30 출발, 1시간 소요 /
  소악도 → 송공항 08:25·14:25·17:05 출발
- (토·일요일 11:05 추가), 40분 소요
- 송공항 → 대기점도 6,000원,
  소악도 → 송공항 4,000원
  ※신분증 지참
- 가능

- KTX 목포역 앞 차없는거리 정류장에서 130번 버스 탑승 후 송공항 하차

여객선을 타고 순례자의 섬으로 들어갈 때는 대기점도 선착장, 나올 때는 소악도 선착장을 이용한다.

좀 더 편하고 빠르게 순례길을 둘러보고 싶다면 전기 자전거를 1일 10,000원에 대여해 타고 다닐 수 있다. 대기점도 선착장 앞 대여점에서 빌리고 소악도 선착장 부근의 대여점에서 반납하며, 반대로도 가능하다. 섬 내 시설에 대한 자세한 정보는 홈페이지(기점소악도.com)에서 확인할 수 있다. 2021년 9월 현재 섬 내 숙박, 식당, 자전거 대여는 임시 운영 중단되었다.

① 베드로의 집(건강의 집)
작가 김윤환

순례길의 시작점으로 파란색 둥근 지붕의 예배당이다.
그 옆의 작은 큐브 형태 건물은 화장실이다. 순례길의
시작을 알리는 작은 종이 있다.

② 안드레아의 집(생각하는 집)
작가 이원석

작은 예배당을 해와 달, 2개의 공간으로 나눈 독특한
건물이다. 예배당 바로 앞과 지붕 위의 고양이 동상은
섬에 사는 고양이들을 표현한 것이다.

③ 야고보의 집(그리움의 집)
작가 김강

대기점도 선착장에서 병풍도 방면으로 치우친 곳에
있으며, 양쪽에 로마식 기둥을 세워 안정감이 돋보이는
건물이다.

④ 요한의 집(생명 평화의 집)
작가 박영균

긴 바람창이 외부와 소통하는 단정한 원형 건물이다.
천장의 스테인드글라스를 통해 들어오는 다채로운
색상의 빛이 아름답다.

예배당 지도

⑤ 필립의 집(행복의 집)
작가 장미셸, 브루노, 파코

프랑스와 스페인 작가들이 설계한 예배당으로 프랑스
남부의 건축물을 본떠 지었다. 유려한 곡선의 지붕과
삼각형 건물이 독특하다.

⑥ 바르톨로메오의 집(감사의 집)
작가 장미셸, 알룩

스테인드글라스에 반사되는 빛이 한 송이 꽃처럼
아름다운 예배당이다. 호수 위에 자리해 내부에 들어가
볼 수는 없다.

7 ## 토마스의 집(인연의 집)
작가 김강

언덕 위의 새하얀 예배당으로 흰색과 푸른색의 조화가
아름답다. 특히 하늘의 별이 내려앉은 것만 같은 내부의
구슬 바닥이 아름답다.

8 ## 마태오의 집(기쁨의 집)
작가 김윤환

갯벌 위의 예배당으로 러시아 정교회를 닮은 이국적인
건축물이다. 황금색 지붕은 지역 특산물인 양파를
형상화한 것이다.

9 ## 작은 야고보의 집(소원의 집)
작가 장미셸, 파코

프로방스풍 오두막을 연상시키는 건물이다. 고목재로
표현한 동양의 곡선과 스테인드글라스의 조화가
아름답다.

10 ## 유다의 집(칭찬의 집)
작가 손민아

뾰족뾰족한 지붕과 작은 창문의 조화가 앙증맞고
귀여운 예배당이다. 이곳을 바라보고 왼쪽으로 가면
섬을 나가는 배를 탈 수 있는 소악도 선착장이 나온다.

⑪ 시몬의 집(사랑의 집)
작가 강영민

건물이 문 없이 앞뒤로 뻥 뚫려 있어 자연 풍경이
예배당의 일부가 된다. 아치형으로 뚫린 부분을 통해
시원한 바다가 눈에 들어온다.

⑫ 가롯 유다의 집(지혜의 집)
작가 손민아

물이 차면 건널 수 없는 딴섬에 있다. 붉은 벽돌과
뾰족한 첨탑의 전형적인 예배당 모습이다. 벽돌 기둥
위에 설치된 종을 치는 것으로 순례길이 끝난다.

순례자의 섬 게스트하우스 & 카페

7번 토마스의 집에서 8번 마태오의 집으로
가는 길목에 있다. 식사와 음료를 판매해
순례길을 걷다가 점심을 해결할 수 있는
곳이다. 남녀 구분된 숙소 도미토리는 1박
20,000원에 묵을 수 있다.

☎ 061-246-1245

쉬랑께 1호점

소악교회에서 운영하는 쉼터로 8번 마태오의
집에서 9번 작은 야고보의 집으로 가는
길목에 있다. 카페 쉬랑께 1호점과 숙소
자랑께를 운영한다.

☎ 010-4247-4714
※숙소를 이용하려고 하는데 문을 닫았다면 근처의
소악사랑 민박(010-8673-2441)이나 소악도
민박(010-3499-6292)을 이용하자.

바다와 손잡은 골목길
부산 흰여울길

해안길 #

골목길 #

나에게 부산은 곧 영도다. 1년에 서너 번씩 부산으로 출장을 다니던 시절, 언제나 영도에 숙소를 잡고 하루 더 머물며 영도의 이곳저곳을 걸었다. 흰여울문화마을의 흰여울길은 영도에서도 가장 아름다운 길이다. 조금만 고개를 돌리면 짙푸른 바다와 눈을 마주치고 그 위를 노니는 갈매기와 인사를 나누는 길. 눈을 감고 부산을 떠올리면 그 길에서 하염없이 바라보던 반짝이는 바다가 그려진다. 걷다가 멈춰서 바다를 바라보고, 또 걷다가 멈춰서 바다를 바라보느라 자꾸만 느림보가 되었다.

흰여울은 물이 맑고 깨끗한 여울이라는 뜻의 순우리말이다. 봉래산 기슭에서 바다로 굽이쳐 내려오는 물줄기가 흰 눈처럼 깨끗해 보인다고 해서 붙인 이름이다. 지금은 많은 여행자가 방문하지만, 부산 사람에게 영도는 전쟁으로 인한 가난과 고난의 상징 같은 곳이다. 전쟁으로 밀려난 피난민들이 산기슭 절벽 위에 모여들었고 좁디좁은 골목에 작은 판잣집이 다다다닥 지어졌다. 과거에는 "흰여울마을로 도망가면 절대로 찾을 수 없다"는 말이 나올 만큼 경사가 심하고 복잡한 곳이었다. 가파르고 좁아 오르내리기도 힘든 이곳에서 거센 바닷바람을 맞으며 견뎌 냈을 사람들을 생각하면 속없이 아름답기만 한 바다가 애처롭게 느껴진다.

⌂ 부산시 영도구 영선동4가 605-3   (흰여울문화마을 안내센터)
☎ 051-403-1862   Ⓟ 인근 공영 주차장 이용

_____

⦿ 지하철 1호선 남포역 6번 출구 앞 정류장에서 6·7·9·71·82·85·508번 버스
　 탑승 후 흰여울문화마을 하차
Ⓢ 깡깡이예술마을 → 아레아식스 → 흰여울길 → 태종대

전쟁 이후 줄곧 가난하고 고단했던 흰여울마을은 2011년 도시재생사업을 통해 거듭나기
시작했다. 영도구청은 폐가 3채를 예술가의 작업 공간으로 리모델링하면서 사업을 시작했고
골목길에 흰여울길이라는 이름을 붙였다. 이곳으로 모여든 예술가들은 낡은 담벼락에 그림을
그려 넣고 조개껍데기와 타일로 장식해 생기를 불어넣었다. 또 영도구청이 안내센터와
전망대, 데크 등을 조성하면서 걷기 좋은 길이 되었다. 영화 <변호인>의 배경으로 등장해
점점 입소문이 나기 시작하자 전망 좋은 자리에 카페들이 생겨나고 큼직큼직한 건물이
하나둘 들어서며 예전과는 완전히 다른 흰여울문화마을이 되었다. 윤슬이 유난히도 아름다운
흰여울길은 고단했던 시간을 묵묵하게 견뎌 낸 흰여울마을의 어제와 오늘이다.

태종 무열왕의 놀이터
태종대유원지

태종대는 태종 무열왕이 활쏘기를 즐겼다는 데서 유래한
이름이다. 일제강점기에는 군 요새지로 일반인의 출입이
금지되었으며 1969년 관광지로 지정되면서 부산을
대표하는 곳이 되었다. 파도에 의한 침식으로 형성된
절벽과 푸른 바다가 어우러져 경치가 아름다운 곳으로
국가지정문화재 명승 제17호다. 또 파도에 의해 만들어진
해식애, 해안 동굴 등 지질학적 가치를 보전하고 연구하기
위해 2013년 국가지질공원으로 지정했다.
영도 최남단에 위치한 태종대 전망대에서는 청명한
날이면 아득하게 펼쳐진 대한해협과 56km 너머의 일본
쓰시마섬까지 보인다. 전망대와 영도등대, 태종사 등
이곳을 천천히 둘러보는 데 1시간에서 1시간 30분 정도
소요된다. 시간이 부족하거나 걷는 것이 불편한 사람은
태종대유원지를 순환하는 다누비열차를 이용하면 된다.

📍 부산시 영도구 전망로 24 📞 051-405-8745
🕐 3~10월 04:00~24:00, 11~2월 05:00~24:00
🅦 무료(다누비열차 3,000원)
🌐 www.bisco.or.kr/taejongdae
🅟 가능 🚇 지하철 1호선 남포역 6번 출구 앞 정류장에서
8·30·66·88·186번 버스 탑승 후 태종대 하차

조선소 마을의 변신
깡깡이예술마을

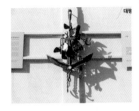

영도대교와 맞닿은 곳에 자리 잡은 깡깡이예술마을은 오래전부터 수리조선업을 도맡아 하던 조선소 마을이었다. 19세기 후반 우리나라 최초로 발동기가 장착된 배를 만든 다나카 조선소가 설립되었고 다양한 선박 부품을 판매하는 가게들이 들어섰다. 1970~1980년대에는 원양어업이 활발해지면서 배를 수리하는 곳으로 변모해 수리조선업의 메카라 불리기도 했다. 깡깡이마을이라는 이름은 배 표면에 달라붙은 조개껍데기나 녹슨 페인트를 벗겨 내기 위해 망치질을 할 때 깡깡 소리가 난다 해서 붙였다. 2015년 부산시 예술상상마을 공모에 선정되어 마을의 정체성을 나타내는 깡깡이라는 이름을 기반으로 한 변화가 시작되있다. 마을 곳곳에 상징적인 벽화와 라이트 프로젝트, 키네틱 아트 등 다양한 작품이 설치되어 있는데 주말마다 진행하는 투어 프로그램을 통해 마을 해설사와 함께 둘러볼 수 있다. 알록달록 귀여운 깡깡이유람선을 타고 부산시 남항과 수리조선소 풍경을 바다 위에서 둘러보는 해상 투어 프로그램도 진행 중이다. 투어 프로그램은 깡깡이 안내센터를 통해 예약하면 되며 네이버로도 가능하다.

ⓐ 부산시 영도구 대평북로 36(깡깡이 안내센터) ☎ 051-418-3336
ⓞ 24시간(안내센터 10:00~17:00)
ⓦ 마을 해설 투어 6,000원, 해상 투어 6,000원, 통합권(해설사, 해상 투어) 10,000원 ⓦ kangkangee.com
ⓟ 인근 공영 주차장 이용
ⓠ 지하철 1호선 남포역 6번 출구 앞 정류장에서 6번 버스 탑승 후 영도전화국 하차, 도보 6분 또는 7·9·71·508번 버스 탑승 후 영도경찰서 하차, 도보 8분

로컬을 밝히는 아티장 골목
아레아식스

🚶 부산시 영도구 대종로105번길
37-3 🕐 11:00~19:00 ❌ 월요일
🅿 삼진어묵 본사 주차장 이용
📍 지하철 1호선 남포역 8번 출구 앞
영도대교 정류장에서 5번 버스 탑승
후 영도봉래시장 하차 / 지하철 1호선
중앙역 1번 출구 근처 부산항만공사
정류장에서 11·70·101번 버스 탑승
후 영도봉래시장 하차

1953년부터 영도에서 3대째 가업을 이어 온 삼진식품이
지역과 상생하며 영도의 활성화와 도시 재생을 목표로 개관한
복합 문화 공간이다. 오후 6시가 되면 어두워지는 오래된 시장
골목의 환한 빛이 되라는 염원을 담아 아레아식스AREA6라
이름 붙였다. 이 지역에서 오랫동안 자리를 지킨 브랜드, 장인
정신으로 제품을 만드는 전문가, 장인으로 성장할 가능성이
높은 예비 창업가 등이 입주해 있으며 아레아식스는 이들을
지역 장인, 즉 아티장artisan이라 부른다. 그들이 만든 질 좋은
제품을 판매하는 상점을 비롯해 전시 공간, 카페, 세미나
룸 등이 모여 있다. 좁은 골목이 미로처럼 이어져 구석구석
둘러보는 재미가 쏠쏠하다.

흰여울길 최고의 오션 뷰 **신기여울**

선물용품, 문구류 등을 제조하는 신기산업에서 신기카페, 신기숲에 이어
영도에 오픈한 세 번째 카페. 흰여울문화마을에서 가장 높은 곳에
위치해 엄청난 전망을 자랑한다. 바다를 향해 난 큰 창만 그대로 두고
모든 창을 검은색 커튼으로 가려 놓았다. 더욱더 선명하고 또렷한 바다를
감상할 수 있도록 하기 위해서다. 날이 좋을 때는 해외 리조트가 떠오르는
야외 테라스에서 부산의 바다와 햇살을 온몸으로 느껴 보자.

🏠 부산시 영도구 절영로 202-2 📞 070-8614-6150 🕐 월~금요일 12:00~19:00, 토·일요일 10:00~20:00
🅿 가능 ➕ 흰여울길

커피 향 가득한 바닷가 서점 **손목서가**

전직 신문사 사진기자이자 시사만화가 손문상과 시인으로 활동 중인
유진목 부부가 운영하는 책방 겸 카페. 2018년에 처음 문을 연 후
흰여울길의 변화를 이끌어 온 주역이라 해도 과언이 아니다. 창밖으로
윤슬 가득한 바다가 반짝거리는 2층은 이곳의 하이라이트. 아름다운
바다를 바라보느라 책장 넘기는 것을 자꾸만 잊어버린다. 부부의 관심사와
취향이 엿보이는 서가를 둘러보는 일도 재미있다.

🏠 부산시 영도구 흰여울길 307 📞 051-8634-0103 🕐 11:00~19:00 🅿 인근 공영 주차장 이용 ➕ 흰여울길

제대로 된 중국식 딤섬 **일구향만두**

화교 2세가 운영하는 중국식 만둣집으로 남항시장 안에 있다.
샤오룽바오, 샤오마이 같은 딤섬과 탄탄면, 완탕 같은 국물 요리를
판매한다. 젓가락으로 만두피를 살짝 찢었을 때 진한 육즙이 흘러나와야
제대로 된 샤오룽바오라 할 수 있는데, 이곳의 샤오룽바오는 육즙만 따로
모아 국물처럼 먹고 싶을 정도로 진하고 맛있다. 젓가락으로 가볍게 찢어
새어 나온 육즙을 먹고 나서 간장과 생강을 곁들여 만두를 먹으면 된다.

🏠 부산시 영도구 절영로49번길 24 📞 051-418-7285 🕐 10:00~20:00(브레이크 타임 14:00~17:00) ❌ 일요일
🅿 인근 공영 주차장 이용 ➕ 깡깡이예술마을

화산송이가 노래하는 숲길
제주 비자림

⊕ 숲

⊕ 올레길

배우 하정우는 그의 책《걷는 사람, 하정우》에서 답이 없어 답답한 느낌이 들 때마다
'힘들다, 걸어야겠다'고 생각하며 운동화를 신고 밖으로 나가 무작정 걸었다고 적었다.
걸으면서 생각을 정리하고, 걷다 보면 마음이 차분해지는 것을 경험한 사람이라면
누구나 공감할 것이다. 걷기라는 행위는 곧 사색과 연결된다는 것을 말이다. 그래서
누군가는 길 위에 답이 있다고 했고, 누군가는 걷다 보면 진짜 나를 만난다고 했다.
답이 없어 답답할 때마다 비자림의 숲길을 떠올린다. 화산송이 카펫이 깔린 붉은 길.
걸을 때마다 발자국이 남기는 소리에 마음이 차분해지고 쓸데없는 생각이 사라지는
길이다. 제주에는 사색하며 걷기 좋은 길이 여기저기 많지만, 그중에서도 비자림 길을
가장 좋아하는 이유는 화산송이와 발걸음이 만나 만들어 내는 자박자박 소리 때문이다.
초록 잎과 피톤치드 가득한 숲 내음, 비자나무 이파리 사이로 살랑거리는 바람과
발끝의 감촉, 그리고 자박자박 소리가 만들어 내는 조화는 길이 끝나는 것이 아쉬울
만큼 완벽하다. 이런 길이라면 온종일 걸어도 힘들지 않을 것만 같다. 어떤 날은 이파리
사이로 햇살이 파고드는 길을, 어떤 날은 안개가 이불처럼 내려앉은 꿈결 같은 길을, 또
어떤 날은 촉촉한 빗방울에 짙어진 풀 내음이 가득한 길을 걸었다. 이 길은 이래도 좋고
저래도 좋았으며 항상 걷고 나면 한결 머리가 맑아지고 생각이 정리되었다.

- ⓐ 제주도 제주시 구좌읍 비자숲길 55
- ⓒ 064-710-7912
- ⓞ 월~금요일 09:00~18:00, 토·일요일
  08:00~18:00 ※15:00 입장 마감
- ⓦ 3,000원
- ⓟ 가능

- ⓠ 제주시버스터미널 정류장에서
  260·810-1·810-2번 버스 탑승 후
  비자림 하차, 도보 6분
- ⓢ 비자림 → 해녀박물관 → 세화해수욕장
  → 세화민속오일시장

비자나무는 우리나라 남부 지방 일부와 제주에서만 서식하며 이파리 모양이 아닐 비非 자를
닮았다 해서 비자라는 이름을 갖게 되었다. 사시사철 푸른빛을 띠며 가구를 만드는 목재
중에서도 고급품에 속한다. 특히 비자나무로 만든 바둑판은 시중에서 구하기도 힘들고 매우
고가로 거래된다고 한다. 또 비자나무 열매는 고혈압 예방과 폐 기능 강화, 소화 촉진 등에
효과가 좋은 귀중한 약재로 예부터 진상품으로 바쳤다고 전해진다.
비자림에 자생하는 나무 중에는 500년 이상 된 것도 많다. 벼락을 맞은 나무부터 둘레를
헤아릴 수 없을 정도로 두꺼운 아름드리나무까지 아우르는, 오랜 세월이 녹아 있는 신비로운
숲이다. 이곳은 천연기념물 제374호로 지정되어 문화재청이 보호 및 관리한다.

제주 해녀의 모든 것
해녀박물관

📍 제주도 제주시 구좌읍
해녀박물관길 26 📞 064-782-
9898 🕘 09:00~17:00
※2021년 9월 현재 사전 예약제로
운영 ❌ 월요일 💰 1,100원
🌐 www.jeju.go.kr/haenyeo
🅿 가능 🚌 제주시버스터미널
정류장에서 201번 버스 탑승 후
해녀박물관입구 하차 또는 260번
버스 탑승 후 해녀박물관 하차

오늘의 제주를 만든 제주의 어머니는 제주 해녀들이다.
구멍이 숭숭 뚫린 돌과 화산 성분이 섞인 토양 탓에 농사가
잘되지 않던 제주는 예로부터 바다에 의존해 살아왔다.
매섭고 차가운 겨울날에도 물질을 쉬지 않으며 평생을
차가운 바닷물 속에서 제주를 먹여 살린 것이 제주의
해녀들이다. 구좌읍의 해녀박물관은 제주 해녀의 모든 것을
담은 박물관이다. 해녀의 생활을 엿볼 수 있는 제1전시실,
해녀의 역사와 기술, 작업 도구 등이 전시된 제2전시실, 실제
해녀들의 인터뷰 영상과 삶이 담긴 제3전시실로 이루어져
있다. 특히 해녀의 삶을 재현한 제1전시실과 해녀들의
인터뷰가 담긴 제3전시실에서는 해녀들이 짊어져야만 했던
삶의 무게와 고단함이 그대로 전해져 마음이 먹먹해진다.
세화 바다가 한눈에 내려다보이는 전망대와 휴게 공간이 있는
3층도 잊지 말고 들러 보자.

파도마저 고운 바다 세화해수욕장

1980년에 개장한 작고 아담한 해수욕장이다.
세화 바다의 물빛은 참 곱다. 아름답다거나
예쁘다는 말보다 곱다는 말이 더 잘
어울린다. 하얀 모래사장과 검은색 현무암,
모래알마저 투명해 보일 정도로 맑은 물이
어우러져 보면 볼수록 곱디곱다. 인근의
월정리해수욕장에 비해 사람이 적은
편이라 조용하고 깨끗하다. 나 홀로 바다를
여유롭게 감상할 수 있으며 주변에 전망
좋은 카페와 식당이 즐비해 바다와 함께
즐기기에도 좋다.

🅐 제주도 제주시 구좌읍 해녀박물관길 27 🅟 가능
🅠 제주시버스터미널 정류장에서 101·201·260번 버스
탑승 후 세화환승정류장(세화리) 하차, 도보 2분

바다 앞 시장 세화민속오일시장

매월 5·10·15·20·25·30일에 열리는 오일장이다. 바닷가
바로 앞에 자리해 옥돔, 우럭, 갈치, 자리돔 등 해산물을
파는 곳이 많고 각종 반찬과 과일, 채소, 약초를 비롯해
식물을 파는 상인도 많다. 농기구와 의류, 잡화 등을
구경하고 도시에서는 보기 힘든 옛날 과자나 사탕 등으로
군것질하는 재미도 쏠쏠하다. 최근에는 제주로 이주한
사람들이 만든 공예품이나 잡화류를 파는 곳도 생겨났다.
상점마다 다르지만 보통 오전 4~6시에 열고 오후
2시쯤이면 파장하니 서둘러 가는 것이 좋다.

🅐 제주도 제주시 해맞이해안로 1412 🅒 매월 5·10·15·20·25·30일
06:00~14:00 🅟 가능 🅠 제주시버스터미널 정류장에서 101·201·260번
버스 탑승 후 세화환승정류장(세화리) 하차, 도보 7분

소박함의 특별함 **요요무문**

제주시 동쪽의 카페를 떠올리면 가장 먼저 생각나는 곳이다. 요요무문은 명예나 명성이 크게 드러나지 않아 남에게 알려지지 않음을 뜻하는 말이다. 화려하거나 도드라진 무언가는 없지만, 위화감 없이 편안하게 머물기 좋은 공간이 되기를 바라는 마음으로 지은 이름이다. 주인장의 그 마음 그대로 특별한 요소가 있는 것이 아닌데도 자꾸만 끌리는 곳이다. 소박하면서도 따뜻한 분위기의 공간에 자연스럽게 스며들어 시간을 보낼 수 있어 좋다. 바다를 향한 커다란 창문으로는 평대리 바다가 통째로 들어와 마음에 가득 찬다. 화려하지 않은 소박한 편안함, 그것이 이 카페만이 가진 특별함 아닐까.

⚐ 제주도 제주시 구좌읍 해맞이해안로 1102, 2층 ☎ 064-784-4217
🕙 10:00~18:00 ✖ 수·목요일 🅿 가능 ⊕ 세화해수욕장

예약은 필수 **말젯문**

오래된 가정집을 개조한 테이블 4개의 작은 식당으로 사전 예약제로 운영한다. 딱새우를 주재료로 한 딱새우장알밥, 딱새우볶음면, 딱새우크림알밥 등을 판다. 말젯은 제주 사투리로 세 번째라는 뜻으로 가게 이름인 말젯문은 세 번째 달을 의미한다. 첫 번째 가정, 두 번째 사회를 거쳐 세 번째 제주에서 자유로운 공간을 만들고자 하는 마음으로 지은 이름이다. 세 가지 음식 모두 인기가 좋지만 테이블마다 하나씩 놓은 것은 딱새우장알밥이다. 먹기 좋게 손질한 딱새우장과 날치알, 달걀, 채소 등을 올려 내는 동백꽃을 닮은 음식이다. 구수한 보리차와 직접 만든 과일 차를 내주는 것도 정겹다. 네이버를 통해 예약할 수 있다.

⚐ 제주도 제주시 구좌읍 계룡길 31 ☎ 010-9153-0173
🕙 11:00~15:00 ✖ 토·일·월요일 🅿 가능

파도 소리가 들리는 예쁜 카페 **카페 리**

평대해수욕장 바로 앞에 자리한 바닷가 카페다. 제주
돌담이 액자처럼 걸린 실내도 예쁘지만 하얀색 파라솔과
천막이 하늘거리는 야외 자리가 더 예쁘다. 햇살이 좋은
날에는 야외 자리를 차지하기가 쉽지 않아 눈치 싸움이
벌어지기도 한다. 한라산을 닮은 한라산케이크, 구좌
당근으로 만든 당근케이크와 당근티라미수 등 제주에서만
만날 수 있는 수제 디저트가 인기가 좋다. 전화로 예약하면
오후 12시부터 6시까지 30,000원에 피크닉 세트를 대여할
수 있는데 최소 3일 전에 예약하는 것이 좋다. 날씨 좋은
날 근처의 아름다운 바다나 오름을 여행할 때 소풍 가는
기분으로 이용해 보자.

🏠 제주도 제주시 구좌읍 평대2길 39 📞 064-782-8244
🕐 11:00~18:00 🅿 가능 ➕ 세화해수욕장

Part

봄날의 미술관을
좋아하나요?

취향 따라 떠나는 테마 여행

안락하고 비밀스러운 독서

서울 프라이빗 책방

- 독서

- 책방

여행하다 | TRAVEL

"나는 늘 천국은
일종의 도서관 같은 곳일 거라고 상상했다."
아르헨티나 소설가 호르헤 루이스 보르헤스

인도 기행

INDIA

강석경

"나는 늘 천국은 일종의 도서관 같은 곳일 거라고 상상했다."
호르헤 루이스 보르헤스의 말처럼 책을 좋아하는 사람에게 책으로 가득한 공간은 작은
천국이다. 책으로 둘러싸인 곳에서만 얻을 수 있는 마음의 평화와 위로가 있기 때문이다.
사락사락 책장 넘기는 소리, 공간에 배어 있는 은은한 책 냄새, 책 읽기 좋은 편안한
의자와 조용한 음악. 공간의 모든 것이 책과 책 읽는 사람만을 위해 존재하는 듯하다.
때때로 일상이 반복되는 집에서 벗어나 나를 위로해 줄 것만 같은 책방으로 작은 여행을
떠난다. 책과 나, 둘만의 오롯하고 안락한 시간. 일상의 소란과 고민을 내려놓고 책 속
세상과 이야기에 집중하며 보낸 그 시간은 다시 돌아온 일상에서 큰 에너지가 된다.

책의 숲으로
소전서림

♠ 서울시 강남구 영동대로138길 23
📞 02-542-0804
🕐 11:00~21:00 ❌ 월요일
ⓦ 반일권(4시간) 30,000원,
　연간회원권 100,000원(매일 3시간
　이용, 강연과 낭독회 무료 참석)
🌐 sojeonseolim.com
ⓟ 가능 ⓟ 지하철 7호선 청담역 14번
　출구에서 도보 6분

청담동 한적한 주택가 건물 지하에 자리한 유료 도서관이다.
소전서림은 흰 벽돌로 둘러싸인 책의 숲이라는 뜻으로 출판사
대표, 비평가, 시인, 서평가 등 각 분야 전문가들이 큐레이션한
25,000여 권의 책이 벽면을 가득 채우고 있다. 대부분 문학,
예술, 철학, 역사 관련 책이며 매월 업데이트된다. 책을 읽기
위해 앉는 의자에도 투자를 아끼지 않았다. 핀 율, 프리츠
한센, 아르텍 등 세계적인 디자이너 의자를 배치해 골라 앉는
재미가 있다. 좋은 의자에 앉으니 왠지 집중이 더 잘되는 것만
같은 느낌. 집 앞에 있다면 유료라 하더라도 자주 찾고 싶은
도서관이다.

소전서림은 일반 공공 도서관처럼 무료가 아니다. 이용
요금에는 소전서림에서 열리는 문학, 예술, 철학 분야를
기반으로 한 전문가들의 강연과 책을 매개로 한 다양한
이벤트의 참가비가 포함되어 있다. 홈페이지에서 스케줄을
확인할 수 있으니 관심 있는 이벤트가 있는 날 방문해 보자.
비치된 책은 소전서림 안에서만 열람할 수 있으며 대출은
불가하다.

모두의 쉼터

인왕산 초소책방

📍 서울 종로구 인왕산로 172
📞 02-735-0206
🕐 08:00~22:00
🅿 가능 📍 지하철 3호선 경복궁역 3번
출구 부근 정류장(효자동초밥 앞)에서
마을버스 09번 탑승 후 박노수 미술관
하차, 도보 25분

1968년 1월 김신조 사건 이후 청와대 방호 목적으로 건축되어 50여 년 동안 경찰 초소로 사용되었던 건물이 책방으로 거듭났다. 인왕산 자락길에 위치해 있어 아름다운 주변 경관과 계절의 변화를 가까이에서 볼 수 있는 있도록 리모델링했다.

수성동 계곡을 지나 산길을 조금 올라야 해 가는 길이 쉽지 않다. 대중 교통편으로도 이어지지 않는 외진 곳에 자리해 동네를 산책하는 주민들이나 등산객이 이따금 들르던 곳이었지만, 전망 좋은 책방으로 입소문 나면서 찾는 사람이 꽤 많아졌다. 안과 밖이 통하는 유리로 건물 전체를 마감하고 곳곳에 문을 내어 누구에게나 활짝 열려 있는 공간이라는 마음을 담은 쉼터 같은 책방이다. 남산타워와 서울 시내 전경을 파노라마처럼 내려다 볼 수 있는 야외 테라스와 루프톱 자리는 늘 만석일 정도로 인기가 좋다. 주차 공간이 매우 협소하니 가급적 대중교통과 도보 이동을 추천한다.

잡지의 세계
종이잡지클럽

📍 서울시 마포구 양화로8길 32-15, 지하 1층 📞 010-6550-9833
🕐 화~토요일 12:00~22:00, 일요일 12:00~20:00 ❌ 월요일
💰 1일권 5,000원, 3개월권 25,000원, 6개월권 40,000원
🌐 www.wereadmagazine.com
🅿 인근 공영 주차장 이용
📍 지하철 2·6호선 합정역 4·5번 출구에서 도보 3분

"이런 시대에 종이 잡지를 읽는다는 건 좀 촌스럽긴 하죠."라는 자조적인 문구를 내세웠지만, 그 문구를 스스로 반전시키는 매력적인 공간이다. 합정역 부근 골목의 건물 지하에 자리한 종이잡지클럽에서는 패션, 건축, 요리, 여행, 라이프스타일 등 다양한 종류의 잡지를 열람할 수 있다. 약 400종의 잡지를 분야별로 진열해 취향과 관심사에 따라 골라 읽는 재미가 있다. 읽을거리가 너무 많아 무엇을 봐야 할지 고민이라면 직원의 도움을 받을 수도 있다. 관심 분야와 취향을 묻고 대답에 따라 잡지를 추천해 준다. 끝까지 완독해야 하는 부담이 없고 원하는 정보만 골라 읽을 수 있어 여러 잡지를 시간 가는 줄 모르고 읽게 되는 즐거운 공간이다. 이용 요금은 1일권, 3개월권, 6개월권으로 나뉘며 시간 제한 없이 이용할 수 있다.

한강이 보이는 전망 좋은 책방
채그로

⊙ 서울시 마포구 마포대로4다길 31,
아리수빌딩 6·8·9층 ☎ 02-711-
2188 ⊙ 10:00~22:00 ⊗ 월요일
⊕ checkngrow.modoo.at
Ⓟ 가능 ⊙ 지하철 5호선 마포역 4번
출구에서 도보 10분

커다란 유리창을 통해 한강이 한눈에 들어오는 책방 겸 북
카페다. 채광이 좋아 내부의 깊숙한 곳까지 햇살이 들어온다.
책을 사지 않아도 별도의 이용료 없이 온종일 머물며 책을
읽을 수 있다. 많은 사람이 독서를 통해 위로와 힘을 얻기를
바라는 주인장의 마음이 담긴 공간이다. 전망 좋은 위치에
문을 연 이유도 창밖으로 멋진 풍광을 볼 수 있다면 좀 더
많은 사람이 찾아오고, 이곳에서 책을 읽지 않을까 생각했기
때문이다. 책이 스승이 되고 친구가 되어 줄 수 있다고 믿는
주인장의 진심이 느껴져서 그런지 이곳에서 읽은 책은 시간이
지난 지금까지도 그 내용과 메시지가 선명하게 기억에
남는다. 비치된 책은 자유롭게 읽을 수 있지만 판매용이라는
점을 잊지 말고 소중히 다뤄 주기를 당부한다. 독서 모임을
비롯해 주니어 독서 스쿨, 북 토크 등 다양한 프로그램을
진행한다.

나만의 서재 북파크 라운지

나만의 서재를 콘셉트로 한 북 카페로 하루
종일 머물며 마음껏 책을 읽을 수 있다. 1인
부스, 1인 소파, 1인용 리클라이너 체어 등이
마련되어 있어 혼자만의 시간을 즐기기에
더없이 좋은 곳이다. 당일 입장권으로 몇
번이고 드나들 수 있으니 주변 맛집을
미리 검색해 놓는 것도 좋다. 2층 서점에서
20,000원 이상 책을 구매하면 입장권을
구매할 필요 없이 무료로 이용할 수 있다.

⚲ 서울시 용산구 이태원로 294, 3층 ☎ 02-6367-2018
🕐 11:00~22:00 ☺ 월요일 ₩ 9,900원(음료 1잔 포함)
🌐 bookpark.modoo.at ⓟ 블루스퀘어 주차장 이용
📍 지하철 6호선 한강진역 2번 출구와 연결

방해받지 않는 시간 후암서재

후암동에 자리한 공유 서재로 예약한 사람만 이용할 수 있어
조용하고 한적하게 공간을 누릴 수 있다. 원목 책상과 책장,
집중을 도와주는 테이블 조명 등을 배치해 집처럼 편안하게
책을 읽거나 작업하기 좋다. 책장에는 베스트셀러부터 독립
서적까지 다양한 종류의 책을 수시로 업데이트해 진열한다.
차와 커피, 커피머신, 정수기, 싱크대도 설치되어 있어 음료를
마시며 온전한 나만의 시간을 보낼 수 있는 곳이다. 네이버를
통해 예약하면 출입문 비밀번호를 알려 주며 요금은 서재에
비치된 단말기를 이용해 결제한다.

⚲ 서울시 용산구 두텁바위로1길 69-1 ☎ 070-4129-6552
🕐 10:00~18:00, 19:00~24:00 ※시간대별 예약제로 운영 ₩ 18,000원
🌐 project-huam.com/sharedstudy ⓟ 불가능 📍 지하철 4호선 숙대입구역 2번
출구에서 도보 6분

THEME
17

주홍빛 가을 단풍 나들이
광주 화담숲

가을

단풍

가을이 짙어지기 시작하면 마음이 급해진다. 곱디고운 단풍을 한 번이라도 더 만나고 싶어서다.
짧고 강렬하게 찾아오는 단풍이 겨울 속으로 사라져 버리기 전에 화담숲으로 향했다. 설악산,
오대산 등 단풍이 아름답기로 유명한 산이 많지만 서울에서 자동차로 1시간 내외면 닿을 수 있는
화담숲의 단풍은 명산의 단풍과 견주어도 부족함이 없다.

화담숲의 단풍은 문화체육관광부의 '2019~2020 한국인이 꼭 가 봐야 할 국내 대표 관광지 100선'에
선정될 만큼 아름답기로 유명하다. 해발 500m 산기슭의 높은 일교차 덕분에 오직 이곳에서만
자생하는 다양하고 다채로운 단풍을 만날 수 있다. 빛깔 곱기로 유명한 내장단풍을 비롯해 당단풍,
털단풍, 털참단풍, 서울단풍, 세열단풍, 홍단풍, 청단풍, 산단풍 등 400여 종의 단풍이 알록달록한
가을의 물결을 이룬다. 찬란한 가을이 지나고 나면 다시 봄이 될 때까지 화담숲은 문을 닫는다.

좀 더 편하고 빠르게 가을 단풍을 즐기고 싶다면 S자를 그리며 화담숲을
오가는 모노레일 이용을 추천한다. 3개 코스 중 선택해 탑승할 수 있으며
각 코스는 중도 하차할 수 없다. 탑승권은 매표소 옆 무인 발권기에서 미리
구입해야 한다. 단풍이 절정을 이루는 성수기에는 순식간에 매진되니
도착하자마자 모노레일 탑승권부터 구입하는 것이 좋다. 모노레일 탑승권은
현장 발권만 가능하다.

코스 1(1~2승강장) 5분 소요 / 5,000원
코스 2(1~3승강장) 40분 소요 / 7,000원
코스 3(순환) 20분 소요 / 9,000원

숲도 나무도 잠시 쉬어 가기 위해서다. 화담숲의 가을이 더 기다려지는 이유다.

화담숲의 매력을 온전히 느끼려면 느리게 걸어야 한다. 17개의 테마 정원을 따라 5.3km의
산책로가 조성되어 있는데, 휠체어나 유아차도 힘들지 않게 지날 수 있는 무장애 길이다.
느리게 걷다 보면 곳곳에 숨은 작은 들풀과 꽃잎까지 모두 가을의 추억이 된다. 특히 모노레일
1번 승강장 근처의 약속의 다리는 많은 사람이 인증샷을 남기는 곳으로, 붉게 물든 내장단풍
군락과 세열단풍이 어우러져 아름다운 풍경을 연출한다. 그 외에도 1,300여 그루의 소나무로
이루어진 소나무 정원, 하얀 나뭇가지에 노랗게 물든 단풍을 뽐내는 자작나무 숲, 단풍나무로
가득한 분재원 등 각기 다른 특색과 개성을 뽐내는 테마 정원이 여행자의 발걸음을 자꾸만
느리게 만든다.

🏠 경기도 광주시 도척면 도척윗로 278-1

📞 031-8026-6666

🕐 09:00~18:00(17:00 입장 마감)

✕ 월요일

₩ 11,000원(사전 예약 필수)

🌐 www.hwadamsup.com

🅿 가능 ※휠체어나 유아차 이용 시 입구와
가까운 주차장으로 안내 가능, 음식물과
돗자리 반입 불가

📍 지하철 경강선 곤지암역에서 택시로 10분

화담숲의 자랑 **번지없는 주막**

화담숲 내 호숫가에 자리한 식당으로 해물파전, 두부김치, 메밀국수,
어묵, 식혜, 막걸리 등을 판다. 여느 테마파크 내 식당과 마찬가지로
가격은 꽤 비싼 편이지만 맛있는 음식으로 소문나 화담숲의 자랑거리가
되었다. 이곳에서 풍기는 고소한 파전 냄새에 나도 모르게 발걸음이
안으로 향한다. 화담숲을 한 바퀴 돌아보고 내려오다 보면 자연스럽게 만나게
되는 자리에 있어 숲을 걷다가 출출해진 배를 채우기에도 그만이다. 노릇하고 바삭하게
구운 해물파전이 특히 맛있다. 여기에 시원한 막걸리 한 사발이면 금상첨화다.

🏠 경기도 광주시 도척면 도웅리 540 🕐 10:30~18:00(마지막 주문 17:30) ※화담숲 운영 상황 및 계절에 따라
영업시간 변동 🅿 화담숲 주차장 이용

자연 속의 힐링 **퍼들하우스**

넓은 잔디와 높은 나무, 작은 개울로 둘러싸인 숲속의 별장 같은 곳이다.
퍼들puddle은 웅덩이라는 뜻으로, 웅덩이를 메우지 않고 건물을 지었다
해서 붙은 이름이다. 3층 건물로 계단을 올라가 입구로 들어서면 2층
웰컴 라운지가 나오고, 1층은 카페, 0층은 식당이다. 채광이 좋은 실내와
널찍한 정원이 어우러져 시원시원하게 느껴진다. 야외 테이블에서는 자연을
만끽하며 식사와 음료를 즐길 수 있다. 화담숲에서 자동차로 20분 걸린다.

🏠 경기도 광주시 초월읍 대쌍령리 403-3 📞 031-766-0757 🕐 11:30~21:00 ❌ 월요일 🅿 가능

THEME
18

봄을 달리는 벚꽃 드라이브

광주 팔당호 벚꽃길

벚꽃놀이 🚗

드라이브 🚗

수줍은 듯 맑갛고 뽀얗게 피는 연분홍빛 벚꽃은 봄 그 자체다. 많은 사람들과 함께 설레는 마음으로 흩날리는 벚꽃잎을 맞는 꽃길 산책은 따스한 계절을 몸과 마음에 가득 채우는 일종의 의식과도 같았다. 하지만 그 모든 일이 아득한 옛일처럼 느껴지는 요즘에는 새로운 계절이 변함없이 찾아오고 예쁜 꽃잎이 잊지 않고 피는 것만으로 감사할 따름이다.

예전처럼 인파에 묻혀 벚꽃길을 걷는 일은 어쩌면 당분간은 힘들지도 모르지만, 여전히 아름다운 얼굴로 찾아와 준 봄꽃을 놓치고 싶지 않다면 차를 타고 꽃길을 달리며 나들이를 가는 것도 방법이다. 창문을 활짝 열고 좋아하는 음악을 들으며 꽃길을 달리다 보면 싱그러운 봄바람을 타고 들어온 꽃 내음에 마음이 온통 봄으로 물든다.

북한강과 남한강, 한강, 경안천이 만나는 팔당호는 호수와 호수 주변의 산이 만들어 내는 수려한 풍경이 아름다워 드라이브 코스로 널리 사랑받는다. 그중에서도 경기도 광주시 남종면 342번 국도의 약 14km 구간은 팔당호 벚꽃길이라 불리는 아름답고 화사한 꽃길이다.

팔당호 주변 경관도 아름답지만 벚나무, 버드나무, 개나리, 조팝나무, 목련꽃 등 봄꽃과 나무가

늘어서 있어 그저 보기만 해도 아름다운 길이다. 벚꽃이 지고 나면 나뭇잎이 우거진 초록의 드라이브를, 가을에는 차 안에서 단풍놀이를 할 수 있는 최고의 드라이브 코스다. 귀여리 정암천 부근의 벚꽃길은 하천 양쪽으로 벚꽃이 흐드러지게 피어 장관을 이룬다. 여건이 허락된다면 잠시 차를 세우고 정암천 주변의 벚꽃길을 걸어 보는 것도 좋다.

🚶 팔당호 벚꽃길 → 팔당물안개공원 → 팔당전망대 → 다산생태공원

식당과 카페는 주로 분원리 일대에 분포되어 있으니 드라이브 코스를 짤 때 참고하자.

경기도 광주는 서울을 기준으로 3~5일 정도 늦게 벚꽃이 개화하니 개화 시기를 꼭 확인하자.

귀여리와 수청리 중간쯤에 위치한 검천리 일대에서 길게 늘어진 수양벚꽃을 만날 수 있다. 자가용 이용 시 드라이브 방향에 따라 아래 내용으로 내비게이션 검색을 하면 된다.

서울 → 양평 방향   '수청교' 검색 후 수청리 → 귀여리 방향으로 드라이브
양평 → 서울 방향   '팔당물안개공원' 검색 후 귀여리 → 수청리 방향으로 드라이브

팔당호의 가을
팔당물안개공원

경기도 광주시 남종면 귀여리 596
031-762-3010
하절기 05:00~20:00, 동절기
07:00~18:00 가능 지하철
경강선 경기광주역 2번 출구 앞
정류장에서 2번 버스 탑승 후
광주시축협 하차, 38-2번 버스 환승
후 귀여1리 하차, 도보 9분

벚꽃잎이 흩날리는 342번 도로를 달리다 보면 자연스레 만나게 되는 공원이다. 탁 트인 팔당호 전경과 깔끔하게 정돈된 산책로, 수질 환경 개선에 도움이 되는 습지와 계절을 알리는 다양한 꽃을 마주할 수 있다. 산책로 대부분이 평지로 이루어져 있어 남녀노소 누구나 걷기 좋다. 산책로와 별도로 자전거 도로가 있어 라이딩을 즐기는 사람도 간간이 보인다. 공원 내에 자전거 대여소가 있으니 시원한 강바람을 맞으며 자전거를 타는 즐거움도 만끽해 보자. 이른 아침에는 공원 이름처럼 팔당호 위로 물안개가 아른거려 색다른 운치를 느낄 수 있다. 봄에는 따스한 봄볕 같은 벚꽃이, 초여름에는 팝콘처럼 피어난 이팝나무꽃이, 가을에는 하늘하늘한 코스모스와 국화꽃이 계절마다 다른 풍경을 선사한다. 특히 가을이 되면 산책로 주변으로 코스모스가 만발하고 갈대숲이 우거져 팔당호 일대에서 가장 아름다운 곳이 된다. 가을에 이곳을 다시 한번 찾아야 하는 이유다.

윤슬을 바라보며 물멍 다산생태공원

다산생태공원은 북한강과 남한강 물이 합쳐지는 두물머리에서
팔당호로 이어져 내려오는 가장 깊숙한 곳에 위치해 있다. 물가의
수생식물이 인근 하수처리장의 방류수를 정화하고 수질을
개선해 동식물에 최적의 생태 환경을 제공한다. 물가에 앉아
'물멍'에 빠질 수 있는 벤치, 피크닉을 즐길 수 있는 야외 테이블,
팔당호를 향해 뻗어 있는 수변 데크 등이 조성되어 있다. 이른
아침에는 물안개가 뽀얗게 내려앉은 팔당호를, 햇살이 반짝이는
한낮에는 반짝반짝 빛나는 윤슬을, 해 질 무렵에는 노을이
잔잔하게 내려앉은 수면을 바라보며 쉬기 좋은 곳이다.

⌂ 경기도 남양주시 조안면 다산로 767 ☎ 031-590-6634 ⓟ 가능
◉ 지하철 경의중앙선 운길산역 정류장에서 56번 버스 탑승 후
다산정약용유적지·실학박물관 하차, 도보 5분

그림처럼 펼쳐진 전경 팔당전망대

팔당호 근처에서 가장 전망 좋은 곳으로 망원경을 이용해
팔당댐에서부터 소내섬, 족자도, 남한강, 북한강, 예봉산,
운길산, 검단산까지 팔당호 주변을 파노라마처럼 즐길 수
있다. 전망대 안은 팔당댐과 물에 대한 전시실, 4D VR을
이용해 팔당호 주변을 생동감 있게 감상할 수 있는 플라잉
팔당 등 다양한 콘텐츠로 가득 채워져 있다. 그럼에도 이곳의
하이라이트는 넓은 창을 통해 들어오는 그림 같은 팔당호
경관이다. 시원하게 펼쳐진 팔당호를 감상하며 물의 소중함을
다시 한번 마음에 새겨 보자.

⌂ 경기도 광주시 남종면 산수로 1692, 팔당수질개선본부 9층 ☎ 031-8008-
6937 ⓞ 09:00~18:00 ※2021년 9월 현재 휴관 중이며 재개관 관련 내용은
경기도수자원본부 홈페이지에서 확인 ⊗ 1월 1일, 명절 당일 ⓟ 가능 ◉ 지하철
경강선 경기광주역 2번 출구 앞 정류장에서 2번 버스 탑승 후 광주시축협 하차,
38-2번 버스 환승 후 팔당수질개선본부 하차, 도보 3분

팔당호 주변의 뷰 맛집 **가람 레스토랑**

팔당호 주변에서 가장 사랑받는 식당 중 하나로 파스타, 리소토, 피자
등 이탈리아 요리를 낸다. 합리적인 가격과 푸짐하고 맛있는 음식,
아름다운 팔당호 전망 덕분에 주말에는 대기 번호를 받고 기다려야 할
만큼 인기가 좋다. 봄꽃이 만개하는 성수기에는 평일에도 사람이 많은
편이니 미리 예약하는 것이 좋다. 따뜻한 계절에는 팔당호를 향해 있는 야외
테라스에서 식사를 즐겨 보자. 식당 앞 널찍한 공영 주차장을 무료로 이용할 수 있다.

🏠 경기도 광주시 남종면 산수로 1633-20 📞 031-765-7522 ※토·일요일, 공휴일 예약 불가 🕐 11:00~20:00
❌ 목요일 🅿 가능 ➕ 팔당전망대

차향이 아름다운 공간 **일로향실**

일로향실은 차를 끓이는 다로의 향이 향기로운 공간이라는 뜻으로 추사
김정희가 초의 스님에게 감사의 뜻으로 써 보낸 글씨에서 유래했다고
한다. 이름처럼 홍차와 말차, 직접 만든 과일 음료 등 다양한 종류의
차와 커피, 디저트를 판매한다. 가람 레스토랑과 같은 건물 2층에 위치해
탁 트인 전망이 일품이다. ㄱ자로 맞닿은 두 면에 큰 창을 내 어디에 앉아도
창밖의 팔당호를 바라볼 수 있도록 좌석을 배치했다. 호수에서 살랑살랑 불어오는
바람이 차향을 더욱 향기롭게 만든다.

🏠 경기도 광주시 남종면 산수로 1633-20, 2층 📞 031-764-4003 🕐 월·화요일 11:00~19:00, 수~일요일
11:00~20:00 🅿 가능 ➕ 팔당전망대

한옥에서 맛보는 진짜 딸기 **언덕카페**

유기농 딸기를 재배하는 대가농원에서 운영하는 카페. 너른 잔디 마당과
단아한 한옥의 조화도 아름답지만 이 카페의 주인공은 단연 딸기다.
유화제나 색소, 인공 딸기 향 같은 화학 첨가물이 전혀 들어가지 않은
딸기아이스크림과 딸기주스, 딸기라테로 유명하다. 직접 재배한 딸기와
딸기잼, 딸기청도 구입할 수 있다. 다산생태공원과 가까운 곳에 있으니 공원
산책 후 상큼한 딸기로 마무리해 보자.

🏠 경기도 남양주시 조안면 다산로761번길 17-5 📞 010-3188-6641 🕐 11:00~21:00 🅿 가능 ➕ 다산생태공원

169

산과 호수의 광활한 전망 감상

제천 청풍호반케이블카

- 케이블카

- 전망대

인간은 본능적으로 높은 곳에 오르면 마음이 안정되고 행복을 느낀다고 한다. 높은 곳에 올라 아래를 내려다볼 때 느끼는 안정감은 생존을 향한 본능과도, 넓은 시야를 확보해 앞일에 대비하는 자기 보호 본능과도 연결되어 있다. 회사원이던 시절을 떠올리면 스트레스가 머리끝까지 올라왔을 때나 해결되지 않은 고민이 있을 때마다 커피 한 잔 사 들고 회사 옥상을 찾았다. 손톱만큼 작아진 세상을 바라보며 심호흡을 하면 마음을 흔들던 근심이 별것 아닌 것처럼 잠잠해져 다시금 마음을 다잡곤 했다. 그러다 주위를 둘러보면 커피 한 잔을 손에 들거나 담배 한 개비를 물고 아래를 내려다보며 마음을 쓰다듬는 동지들이 언제나 서너 명쯤은 있었다.

제천의 청풍호를 찾은 것도 답답하고 우울한 생각이 밀려와 자꾸만 아래로 꺼지는 것만 같았던 어느 날이었다. 사방이 탁 트인 높은 곳에 올라 아래를 내려다보며 소란한 마음이 고요해지길, 돌아오는 길에는 마음이 좀 담담해지길 바랐다.

케이블카를 타고 비봉산 정상에 오르면 청풍호와 주변 산세를 360도로 조망할 수 있는 비봉산 전망대에 닿는다. 비봉산은 해발 531m로 그리 높은 편은 아니지만, 사방에 시야를 가로막는 높은 산이 없어 주변을 감상하기에 최적의 장소라 할 수 있다. 산자락 사이를 비집고 굽이굽이 들어찬 호수가 만들어 내는 풍경은 마치 육지 속 다도해를 보는 것처럼 신기롭다.

청아한 옥빛 호수와 그 호수를 품에 안고 듬직하게 서 있는 주변의 산은 바라만 보고 있어도 마음이 평온해지는 치유의 시간을 선사한다. 하염없이 호수를 내려다보고 있노라면 소란했던 마음이 어느새 호수처럼 잔잔해진다.

청풍호는 충주댐 건설로 생겨난 인공 호수로 건설 당시 청풍면 일대의 마을이 수몰되어 수많은 사람이 실향민이 되었다. 수몰되어 버린 고향에 대한 안타까운 마음을 담아 청풍호라 부르게 되었지만 공식 명칭은 충주호다. 가끔 가뭄이 심해지면 수몰되었던 마을이 모습을 드러내는데 실향민들이 이때 고향을 찾아간다고 한다.

비봉산 전망대는 케이블카와
모노레일을 이용해 갈 수
있는데 탑승 역이 서로 다르다.
케이블카를 이용하려면
물태리역으로 가야 하고,
모노레일을 이용하려면
도곡리역으로 가야 한다.

청풍호반케이블카(물태리역)

- 📍 충청북도 제천시 청풍면
  문화재길 166
- 📞 043-643-7301
- 🕐 10:00~18:00
  ※계절에 따라 운영 시간이
  다르므로 홈페이지 확인
- 💰 일반 15,000원, 크리스털 캐빈
  20,000원 ※온라인 예매 시
  1,000원 할인
- 🌐 www.cheongpungcablecar.com
- 🅿 가능

- 📍 기차 제천역 정류장에서 952·960 버스 탑승 후 청풍면사무소앞 하차,
  도보 10분
- 🚩 청풍호반케이블카 → 청풍문화재단지 → 의림지

청풍호관광모노레일(도곡리역)

- 📍 충청북도 제천시 청풍면
  청풍명월로 879-17
- 📞 043-653-5121
- 🕐 10:00~17:00
  ※계절에 따라 운영 시간이
- 다르므로 홈페이지 확인
- 💰 12,000원
- 🌐 www.cheongpungcablecar.com
- 🅿 가능

- 📍 기차 제천역 정류장에서 950·960 버스 탑승 후 마을정보센터 하차, 951번
  버스 환승 후 대류 하차, 도보 6분

청풍호반의 작은 민속촌
청풍문화재단지

1985년 충주댐 건설로 약 24개 마을 7,000여 가구가
사라졌다. 2,000년 가까이 이어져 온 마을이 물속으로
가라앉으면서 이와 함께 흔적도 없이 사라질 뻔한
문화재들이 있었으나 1983년부터 3년 동안 충청북도청의
지휘 아래 수몰 지역의 문화재를 이전, 복원해 가까스로
지켜 냈다. 덕분에 현재 청풍문화재단지에서 선사시대부터
구석기시대까지 유적과 고인돌, 그리고 향교, 관아, 고가古家
등을 볼 수 있게 되었다. 옛 마을과 석물군, 향교 등을
둘러보고 나서 수몰역사관과 제천유물전시관으로 이동해
청풍호 역사와 사라진 마을에 대한 기록을 살펴볼 수 있다.
청풍문화재단지에서 가장 높은 곳에 자리한 망월루에
오르면 세월의 아픔은 묻어 둔 채 잔잔하게 흐르는 청풍호의
의연함에 마음이 숙연해진다.

⌂ 충청북도 제천시 청풍면 청풍호로
2048 ☎ 043-641-5532
◷ 3~10월 09:00~18:00, 11~2월
09:00~17:00 ₩ 3,000원
ⓟ 가능 ⓥ 기차 제천역 정류장에서
952·960번 버스 탑승 후
청풍문화재단지 하차

청풍호 주변을 따라 구불구불 이어지는 82번 지방도로는 청풍호반의
아름다움을 제대로 느낄 수 있는 환상의 드라이브 길이다. 특히 벚꽃이
만개하는 봄날의 청풍호반 드라이브 길은 벚나무가 만들어 내는 벚꽃
터널과 흩날리는 벚꽃잎이 장관을 이루어 충주호 나들이의 백미로
손꼽힌다.

제천의 젖줄
의림지

신라 진흥왕 때 축조한 의림지는 용두산에서 내려오는 물줄기를 막아 가뭄과 침수로부터 농경지를 보호했다. 밀양 수산제, 김제 벽골제, 상주 공갈못 등 교과서에서 배운 삼국시대의 인공 저수지 중에서 현재까지도 관개용 저수지 역할을 하는 것은 의림지뿐이다. 둘레는 약 2km로, 물안개가 내려앉는 새벽부터 화려한 조명이 반짝이는 밤늦은 시간까지 주변을 걷고 뛰는 사람이 끊이지 않는다. 과거부터 지금까지 제천의 젖줄이자 휴식 공간인 고마운 곳이다.

의림지 맞은편에 있는 의림지역사박물관은 제천의 역사 및 의림지의 형성 배경과 구조, 관개 방법, 생태 등을 주제별로 전시하고 있다. 제천에서 발견된 유적과 유물, 농사를 주제로 한 다양한 영상과 게임을 체험할 수 있어 재미가 쏠쏠하다. 청풍호반케이블카 탑승권 소지자는 무료로 입장할 수 있다.

🏠 충청북도 제천시 모산동 241
📞 043-651-7101
🅿 가능 📍 제천버스터미널 앞 하나은행 정류장에서 541번 버스 탑승 후 안모산 하차, 도보 7분

잠시 일본 **금성제면소**

남제천 IC를 나와 청풍호로 향하는 길, 보이는 것이라곤 왕복 4차선
도로와 논밭, 몇 채의 농가뿐인 길가 안쪽에 웬 일본식 가옥이 하나 서
있다. 닭과 돼지 뼈를 장시간 끓여 만든 진하고 걸쭉한 크림수프 같은
맛의 토리파이탄, 돼지 뼈 육수로 만든 돈코쓰라멘, 특제 소스에 조린
차슈를 얹은 차슈동 등을 파는 일본 음식점 금성제면소다. 이곳에서 직접
뽑은 면과 진한 육수가 어우러진 깊은 맛의 라멘은 일본에서 먹었던 것과 견주어도 부족함이 없다.

📍 충청북도 제천시 금성면 청풍호로 991 📞 043-642-8867 ⏰ 11:00~15:00 ⊗ 월요일 🅿 가능

빵까지 맛있는 뷰 맛집 **그릿918**

케이블카나 모노레일을 타고 비봉산 정상에 오르면 청풍호가
내려다보이는 완벽한 전망의 카페, 그릿918을 만날 수 있다. 서초구에
본점을 둔 베이커리 카페로 어니언베이글, 달고나스콘, 앙버터,
맘모스빵 등 다양한 빵을 만날 수 있다. 가장 인기 있는 빵은 하루 200개
한정으로 판매하는 어니언베이글로 금방 매진된다. 엄선한 유기농 재료로
매일 구워 내는 빵은 먹고 나면 속이 더부룩하지 않고 편안하다.

📍 충청북도 제천시 청풍면 문화재길 166-1 📞 043-644-0918 ⏰ 10:30~18:00 ※케이블카, 모노레일 운영에 따라
변동 🅿 물태리역 또는 도곡리역 주차장 이용 ➕ 청풍호반케이블카

커피와 함께 물멍 **커피라끄**

라끄lac는 프랑스어로 호수라는 뜻으로, 청풍호 바로 앞에 자리 잡아
이름 그대로 호수에 의한, 호수를 위한 카페다. 호수를 향해 나 있는
커다란 창을 통해 실내 어디서든 호수를 감상할 수 있고, 2층의
루프톱에 오르면 호수를 향해 놓은 의자에 앉아 무념무상의 '물멍'을 즐길
수 있다. 청풍호가 시작되는 지점이라 호수 폭이 좁아 주변 산이 더욱 가깝고
선명하게 보인다. 청풍호 드라이브를 즐기다가 경치를 감상하며 쉬어 가기에 더없이 좋다.

📍 충청북도 제천시 금성면 청풍호로 1226 📞 043-652-1564 ⏰ 09:00~20:00 🅿 가능

자연과 하나 되는 예술 관람

남원시립김병종미술관

∥ 미술관 산책

∥ 건축

남원 하면 으레 《춘향전》을 떠올리는 사람이 많을 것이다. 하지만 이 도시의 매력은 그뿐만이 아니다. 백두대간을 병풍처럼 두른 섬진강 물줄기가 흐르는 도시, 전통과 자연이 아름답게 어우러진 도시, 복잡하거나 붐비지 않아 느긋하고 여유 있는 도시가 바로 남원이다. 사람들과 조금 떨어져 천천히 여행할 수 있는, 느림의 멋과 여유를 아는 도시다.

남원 출신의 김병종 서울대학교 명예교수가 기증한 작품과 자료로 건립한 남원시립김병종미술관은 그런 남원을 닮아 느리고 여유로운 분위기를 풍긴다. 옅은 회색의 콘크리트 덩어리 몇 개가 중첩된 형태의 건물로 밖에서나 안에서나 남원의 아름다운 자연을 감상할 수 있도록 설계했다. 평범한 직사각형 건물이 아니라, 마치 커다란 덩어리를 덜어 내고 또 덜어 내 최소한의 공간만 남겨 놓은 모양새다. 미술관 내부의 가장 전망 좋은 자리에는 커다란 창을 내 지리산 풍경을 액자처럼 걸고, 이를 느긋하게 볼 수 있는 의자를 두었다. 그야말로 예술 작품과 자연을 함께 감상하며 천천히 쉬어 갈 수 있는 미술관이다. 여백과 느림으로 채워진 이곳에서는 시간도 천천히 흘러가도록 마음껏 느긋해지자.

오전 11시, 오후 3시(주말 오후 5시 추가)에 전문 도슨트의 전시 해설이 있다. 1층 갤러리1 앞에서 모여 시작한다.

미술관 1층 북 카페에서 김병종 교수가 기증한 미술, 문학, 인문학 서적을 읽을 수 있다

📍 전라북도 남원시 함파우길 65-14   ⊗ 월요일
📞 063-620-5660   🌐 nkam.modoo.at
🕐 10:00~18:00   🅿 가능

📍 KTX 남원역에서 택시로 10분 / 남원공용버스터미널에서 택시로 5분
🔗 남원시립김병종미술관 → ∙ 광한루원 → 서도역 → ∙ 아담원

**조선 시대의
우주관을 담은 정원**
광한루원

📍 전라북도 남원시 요천로 1447
📞 063-625-4861 🕐 4~10월
08:00~21:00, 11~3월
08:00~20:00 💰 3,000원
※18:00 이후 무료입장
🅿 가능 🚉 KTX 남원역에서 택시로
7분 / 남원공용버스터미널에서
택시로 3분

춘향과 몽룡의 애타는 사랑 이야기 《춘향전》의 배경이 된
곳으로 남원을 찾은 여행자라면 누구나 들르는 남원의 대표
관광지다. 진주 촉석루, 밀양 영남루, 평양 부벽루와 함께 조선
시대 4대 누각으로 꼽힌다. 1414년에 처음 지어 임진왜란 때
모두 소실되었으며 1626년 인조 때 우주를 상징하는 의미를
담아 재건했다. 하늘의 궁전을 상징하는 광한루, 은하수를
상징하는 호수, 견우와 직녀를 위한 오작교 등으로 이루어져
있다. 호수에는 신선이 산다는 삼신산을 본떠 삼신섬을
만들고 각각 봉래섬, 방장섬, 영주섬이라 이름 지었다.
춘향과 몽룡의 이야기로 더 유명한 곳이지만, 실은 조선 시대
사람들의 우주관을 엿볼 수 있는 심오한 의미를 지닌 장소다.

나와 대화를 나누는 동산 아담원

10여 년 동안 나무를 키우던 조경 농원이 아름다운
정원으로 재탄생한 곳으로 한국관광공사가 선정한 '남원
추천 여행지'에 꼽힌 바 있다. 아담원我談苑은 나와 대화를
나누는 동산이라는 뜻으로 지리산 자락의 맑은 공기와
아름다운 자연을 느끼며 유유히 쉬어 갈 수 있다. 곳곳에
위치한 자연 탐방로는 있는 그대로의 자연을 간직하고
있어 산책을 즐기기에도 그만이다. 너른 잔디밭과
푸릇푸릇한 나무, 멀리 보이는 지리산의 비경은 바라만
보아도 절로 힐링이 된다. 입장권을 제시하면 아담원 내
카페에서 음료 한 잔을 무료로 즐길 수 있다.

🏠 전라북도 남원시 이백면 목가길 193 📞 063-635-8342
🕐 수~금요일 10:30~19:00, 토·일요일 11:00~19:30 ❌ 월·화요일
💰 8,000원(음료 포함) 🌐 blog.naver.com/adamwon 🅿 가능
📍 KTX 남원역에서 택시로 25분 / 남원공용버스터미널에서 택시로 20분

오래된 것들의 아름다움 서도역

1932년에 지어 현재 우리나라에서 가장 오래된 목조
간이역이다. 2002년 전라선이 이설되면서 더 이상 기차가
다니지 않는 폐역이 되었지만, 2018년 방영된 드라마
<미스터 션샤인>의 배경으로 등장하면서 다시 사람들이
찾기 시작했다. 아담하면서도 고풍스러운 역사 모습과 기찻길
양옆에 늘어선 메타세쿼이아는 사진 찍기 좋아하는 사람에게
더없이 좋은 촬영지가 된다. 더 많은 사람이 찾는 활기찬
관광지가 되도록 남원시에서 서도역 부근의 공원화 사업을
추진 중이다.

🏠 전라북도 남원시 사매면 서도길 23-17 🅿 가능 📍 KTX 남원역에서 택시로
15분 / 남원공용버스터미널에서 택시로 20분

걸쭉한 여름 한 그릇 **춘원회관**

남원 시민들 사이에서 여름이면 무조건 가야 하는 식당으로
통한다. 여행자들에게도 꼭 가 봐야 할 식당으로 소문난
터라 주말이나 휴가철 식사 시간이면 문전성시를 이룬다.
이곳의 대표 음식은 속이 푸른빛을 띠는 속청태를 갈아
만든 콩국수다. 크림수프처럼 진하고 걸쭉한 콩국은 그
자체만으로도 보약이 따로 없다. 그래서 이곳의 단골들은 면은
남기더라도 국물은 남기지 말라고 조언한다. 콩국만 따로 사
가는 손님이 워낙 많아서 주말에는 점심시간이 지나면 판매용
콩국도 동이 난다. 콩국수를 좋아하지 않는다면 또 다른 인기
메뉴인 메밀소바나 메밀냉면을 추천한다.

📍 전라북도 남원시 양림길 14-10 📞 063-625-5568
🕐 11:00~15:00, 17:00~20:00 ❌ 첫째·셋째 주 화요일 🅿 가능
➕ 남원시립김병종미술관

정성을 담다 **집밥,담다**

광한루원 근처에 있는 가정식 전문 식당으로 가족이 함께
운영해서 그런지 따듯하고 다정한 분위기다. 매콤하게 맛을
낸 단호박매콤돼지갈비찜과 매주 다른 메뉴로 채워지는 '한
그릇에 담다'가 인기 있다. 특히 단호박매콤돼지갈비찜은
단호박과 돼지고기, 치즈 등이 매콤한 양념과 만나 밥 한
공기를 뚝딱 해치우게 되는데 이것을 먹으려면 예약하고
가는 것이 좋다. 당일 준비한 재료가 소진되면 마감하는
메뉴라서 늦은 오후나 주말에 예약 없이 가면 맛보기가 쉽지
않다. 닭불고기, 제육볶음, 삼겹살볶음 등의 메인 요리와
밑반찬을 함께 내는 '한 그릇에 담다'는 나 홀로 여행자도
부담 없이 주문할 수 있는 메뉴다.

📍 전라북도 남원시 하정1길 28 📞 063-625-4580
🕐 11:30~15:00, 17:30~20:00 ❌ 일요일 🅿 인근 남원문화원
주차장 이용 ➕ 광한루원

한옥에서 즐기는 대추팥빙수 **산들다헌**

오래된 한옥을 개조해 만든 카페로 옛집의 고즈넉한 정취를
제대로 느낄 수 있다. 신발을 벗고 앉아서 쉴 수 있는 편안한
좌석과 맛있는 음료, 달콤한 디저트 덕분에 남녀노소
모두에게 사랑받는다. 대추를 바싹 말린 대추 칩과 남원에서
자란 팥, 직접 만든 연유를 듬뿍 올린 대추팥빙수는 바삭한
식감과 대추 향이 일품이다. 대추차, 쌍화차, 오미자차 등
전통차도 준비되어 있고 생과일을 이용한 스무디와 에이드,
대추야자스무디, 허브차 등 음료 종류가 꽤 많은 편이라
취향에 따라 골라 먹을 수 있다. 고품질의 마스카르포네
치즈와 유정란을 사용해 만든 티라미수도 인기가 좋다.

ⓐ 전라북도 남원시 향단로 21 ⓒ 063-632-3251 ⓞ 11:00~21:00
ⓧ 월요일 ⓟ 인근 공영 주차장 이용 ⊕ 광한루원

따뜻한 감성으로 채운 카페 **카페오작교**

흰색과 우드 톤으로 꾸민 차분한 분위기의 카페로 손님과
주인장, 음악까지도 조용하고 잔잔한 것이 특징이다.
커다란 창문 너머로 남원예촌의 아름다운 한옥을 감상할
수 있어 SNS를 타고 입소문이 났다. 테이블 간격도
널찍해 사람들과 부대끼지 않으며 느긋하게 공간과 창밖
풍경을 음미할 수 있다. 다양한 종류의 음료와 디저트를
판매하는데 동글동글 귀여우면서 화려한 비주얼의
홍콩와플이 특히 인기 있다. 광한루원에서 걸어서
3분이면 닿는 가까운 거리라 광한루원을 둘러본 후
시원한 음료 한잔 마시며 쉬어 가기에 그만이다. 한옥을
배경으로 한 창가에서의 인증샷도 빼놓지 말자.

ⓐ 전라북도 남원시 고샘길 69 ⓒ 0507-1419-0955
ⓞ 11:00~19:00 ⓧ 화요일 ⓟ 인근 공영 주차장 이용 ⊕ 광한루원

바다 보다 영화 보다

사천 메가박스 삼천포

바다 #

영화 #

"영화관 안에서 바다가 보인다니까! 좌석 바로 옆에 바다가 있어."

"우리나라에 정말 그런 곳이 있다고요?"

눈을 동그랗게 뜨고 묻는 나에게 선배가 보여 준 사진 속에는 진짜로 바다가 보이는 영화관이

있었다. 사방이 막혀 캄캄한 일반 영화관과 달리 한쪽 면 전체를 가득 메운 유리창 너머에

푸른 바다가 걸려 있었다. 세상 어디에도 없는 바다가 보이는 영화관, 메가박스 삼천포.

비현실적인 영화관 사진을 보며 가슴이 콩닥콩닥 뛰었다. 언젠가 꼭 이곳에 가 보리라, 선배의

사진을 보고 또 보며 다짐했다.

그리고 몇 달 뒤, 바다가 보이는 영화관의 푹신한 소파에 앉아 스크린보다 더 크게 보이는

바다를 하염없이 바라보며 생각했다. 세상에 하나뿐인 아름다운 영화관이 있는 삼천포라면,

잘나가다가 삼천포로 빠져도 행복하지 않을까. 다음에는 영화관 너머의 노을을 보러 와야겠다.

사천 바다 바로 앞에 자리한 메가박스 삼천포는 오션 뷰를 즐길 수 있는 유일한 영화관이다.
한쪽 면에 통유리를 설치해 영화 상영 전후로 탁 트인 사천 바다를 감상할 수 있어 세상에서
가장 아름다운 영화관이라 불린다. 창문 때문에 영화를 제대로 볼 수 있을까 하는 걱정은
내려놓아도 된다. 영화 상영 직전, 암막 커튼이 완전히 창을 가려 캄캄하고 어두운 일반
영화관과 똑같아지니 말이다. 30명 안팎의 인원만 입장할 수 있고 전 좌석에 리클라이너
체어가 설치되어 보다 프라이빗하고 편안하게 영화를 즐길 수 있다. 햇살이 쏟아지는 아침부터
아름다운 노을이 물드는 저녁까지 시시각각 변신하는 다양한 풍경을 만날 수 있는데, 3개
상영관 중 1관의 전망이 가장 좋다. 해 질 녘에 상영하는 영화는 아름답기로 유명한 사천 바다의
노을을 만날 수 있어 좌석이 금방 매진되니 서둘러 예매하는 것이 좋다.

⌂ 경상남도 사천시 해안관광로
  109-10, 아르떼리조트 본관 4층
☎ 1544-0070

🌐 www.megabox.co.kr
  ※홈페이지 또는 앱을 통해 예매
Ⓟ 가능

📍 삼천포시외버스터미널 정류장에서 20·40·70·73번 버스 탑승 후 산분령
  하차, 도보 10분
🔗 사천바다케이블카 → 메가박스 삼천포 → 무지개 해안 도로 → 실안낙조

하늘로 바다로

사천바다케이블카

한 걸음 더

2018년 4월에 운행을 시작한 사천바다케이블카는 왕복 2.43km에 달하는 국내에서 가장 긴 운행 거리를 자랑한다. 국내 최초로 섬과 바다, 그리고 산을 연결하는 케이블카로 사천의 랜드마크가 되었다. 이것을 타고 남해안에 흩어져 있는 작은 섬들과 섬들을 감싸 안은 짙푸른 바다, 삼천포대교와 죽방렴이 만들어 내는 그림 같은 절경을 한눈에 감상할 수 있다. 주차장이 있는 대방 정류장에서 탑승해 바다 건너 초양 정류장으로 가서 하차하지 않고 바로 돌아와 대방 정류장을 거쳐 산 위의 각산 정류장으로 향하는 경로다. 바닥이 투명한 유리로 된 크리스털 캐빈은 아름다운 한려해상국립공원을 발아래 둔 채 바다 위를 여행할 수 있어 짜릿한 재미가 있다. 낮에는 윤슬이 내려앉은 쪽빛 바다를, 해넘이가 시작될 무렵에는 황홀한 풍경의 실안낙조를, 저녁에는 조명이 반짝이는 삼천포대교와 사천 밤바다의 야경을 감상할 수 있다.

ⓐ 경상남도 사천시 사천대로 18
ⓒ 055-831-7300 ⓞ 일~목요일
10:00~18:00, 금·토요일
10:00~21:00 ※1시간 전 탑승 마감
ⓦ 왕복 15,000원, 크리스털 캐빈
20,000원 ⓦ scfmc.or.kr/cablecar
ⓟ 가능 ⓠ 삼천포시외버스터미널
정류장에서 20번 버스 탑승 후
삼천포대교공원 하차

바다 앞의 무지개 무지개 해안 도로

용현면 종포에서 노룡동에 이르는 약
9km 해변을 따라 무지갯빛 방호벽이
세워져 있다. 잠시 들렀다 가는 곳이 아닌,
오래 머물며 천천히 즐기는 체류형 해양
관광도시로 발돋움하기 위한 사천시의
개발 사업 중 하나로 조성되었다. 푸른
바다와 무지갯빛 방호벽이 만드는
귀엽고 아기자기한 풍광이 SNS를 타고
퍼져 나가며 사천 여행의 필수 코스가
되었다. 무지개를 따라 걷다 보면 황홀한
실안낙조를 만나게 된다.

📍 경상남도 사천시 용현면 일대

내비게이션으로 '종포마을회관'을 검색하면 무지개 해안
도로의 시작부터 드라이브를 즐길 수 있다.

저무는 것의 아름다움 실안낙조

사천을 여행하다가 태양이 물러날 시간이
다가오면 실안 해안 도로로 가야 한다.
실안낙조는 사천 8경 중 2경이며, 실안 해안
도로는 한국관광공사가 뽑은 '전국 9대
일몰 명소' 중 하나이니 말이다. 바다 너머로
떨어지는 태양이 온 세상을 붉게 물들이는
시간이 되면 어디선가 나타난 사진작가들이
해안에 길게 줄을 늘어선다. 카메라를 든 사람도
들지 않은 사람도 그저 말없이 저물어 가는
태양을 감상하며 하루 일과를 마친다.

📍 경상남도 사천시 실안동 일대 🅿 도로변 이용
🚌 삼천포시외버스터미널 정류장에서 20번 버스 탑승 후 실안
하차, 도보 10분

사천 여행의 필수 맛집 **배말칼국수김밥**

거제, 삼천포, 남해안 일대에서 채취한 자연산 배말을 넣어
끓인 배말칼국수, 배말 육수로 지은 밥과 자연산 톳을 넣어 만든
배말톳김밥으로 유명한 식당이다. 배말이 듬뿍 들어가 진녹색을 띠는
칼국수는 진하고 시원한 국물 맛이 일품이다. 배말 육수의 감칠맛과
자연산 톳의 오독오독한 식감이 재미있는 김밥도 별미다. 날씨가 좋은 날에는
김밥 도시락을 들고 식당 바로 앞 바닷가에 앉아 피크닉을 즐기는 것도 좋다.

⚲ 경상남도 사천시 군영숲길 73 📞 055-832-7070 🕐 10:00~15:00, 16:30~19:00 ✕ 월요일 🅿 식당 앞 이용
➕ 사천바다케이블카

아름다운 바다 전망 **드 베이지**

사천 바다와 케이블카를 동시에 즐길 수 있는 바다 전망 카페다. 다양한
종류의 음료와 디저트를 판매해 바다를 바라보며 달콤한 시간을 보내기
좋다. 실내에서 보는 바다도 멋있지만 사천 바다와 시원한 바람을 함께
즐길 수 있는 루프톱을 추천한다. 머리 위로 둥둥 떠다니는 케이블카와
눈앞에 펼쳐진 아름다운 바다를 바라보며 여행의 기분을 만끽할 수 있다.
한쪽에 거울이 놓여 있어 포토존으로 이용된다.

⚲ 경상남도 사천시 사천대로 26 📞 055-833-0300 🕐 10:00~23:00 🅿 가능 ➕ 사천바다케이블카

THEME
22

빵천동에서 먹빵 투어

부산 남천동

빵지 순례 ⓐ

빵 덕후 ⓐ

베이커리 카페

포장 전문 베이커리

6 금련산역 4 2 3 1 5

4 남천역 2 3 1

📍 남부산우체국

무슈뱅상

시엘로 과자점

홍옥당

수영구청

메트르아티정

바닷마을 과자점

광안리해수욕장

남천코오롱하늘채 골든비치

광남초등학교

순쌀빵 순쌀나라

남천동 빵집 지도

밥보다 빵을 사랑하는 빵 덕후에게는 맛있는
밥집보다도 맛있는 빵집이 더 중요하다. 'OO빵집의
OO빵이 맛있다더라'는 정보를 입수하면 아무리 멀어도
반드시 찾아가서 맛보고 만다. 여행할 때 그 지역의
유명한 빵집부터 검색하는 일명 '빵지 순례' 또는 '먹빵
투어'는 빵 덕후에게 빼놓을 수 없는 행복이다.
전국의 빵순이, 빵돌이들이 부산으로 여행을 떠나면
꼭 들른다는 부산시 수영구 남천동. 아파트 단지와
주택가의 상점들 사이로 크고 작은 빵집 30여 개가
모여 있어 빵천동이라는 별명까지 얻었다. 일 년 내내
빵 굽는 고소한 냄새가 떠나지 않는 빵천동은 빵
덕후에게는 천국 같은 곳이 아닐까.

🅐 부산시 수영구 남천동 일대
🅟 인근 공영 주차장 이용
🅠 지하철 2호선 남천역 1번 출구 또는
　금련산역 5번 출구 일대

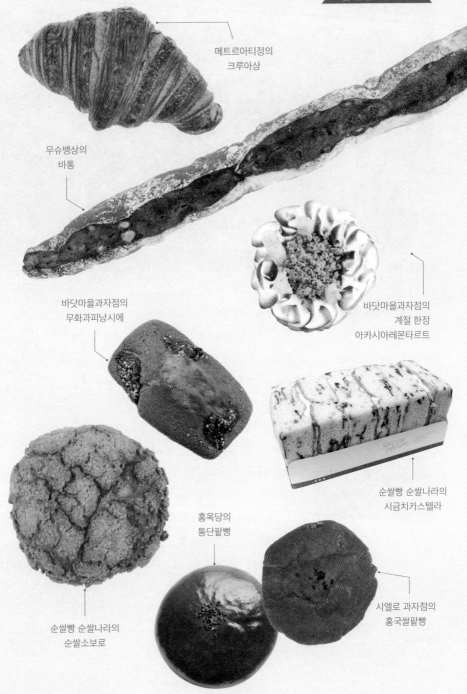

메트르아티정의
크루아상

무슈뱅상의
바통

바닷마을과자점의
무화과피낭시에

바닷마을과자점의
계절 한정
아카시아레몬타르트

순쌀빵 순쌀나라의
시금치카스텔라

홍옥당의
통단팥빵

순쌀빵 순쌀나라의
순쌀소보로

시엘로 과자점의
홍국쌀팥빵

쌀로 만든 건강한 빵

순쌀빵 순쌀나라

백미식빵,
쑥떡쑥떡

○ 부산시 수영구 광안해변로 122
☎ 051-623-3775
○ 08:00~24:00

수영구청 뒤편 아파트 단지 상가에 자리한 동네 빵집이다.
거의 모든 빵과 케이크, 쿠키를 쌀가루로 만들어 밀가루
음식을 잘 소화하지 못하거나 다이어트 중인 손님이 많이
찾는다. 2005년 APEC 정상회담 당시 밀가루 음식을
불편해한 노무현 전 대통령을 위해 전담 셰프들이 수소문해
이곳의 빵과 쿠키를 구해 제공했고, 세계 각국 정상들에게도
대한민국 고유의 쌀빵을 알리는 계기가 되었다고 전해진다.
쌀로 만든 빵은 밀가루로 만든 빵에 비해 부드럽고 폭신한
질감은 덜하지만 쫄깃쫄깃하고 씹을수록 단맛이 도는
것이 특징이다. 밀가루와 쌀가루, 기본 재료만 다를 뿐 일반
빵집에서 파는 거의 모든 빵을 구비해 선택의 폭도 넓다.
밀가루보다 생산과 가공이 힘들고 보관 방법도 까다로운
쌀가루를 사용하기에 가격대는 약간 비싼 편이다. 그럼에도
좀 더 건강한 빵을 찾는 손님들의 발길이 끊이지 않는
빵천동의 대표 빵집 중 하나다. 야외 테이블에 앉으면
광안리해수욕장과 광안대교가 보인다.

빵 본연의 맛 무슈뱅상

크루아상을 제외한 모든 빵을 버터와 달걀을
빼고 프랑스 밀가루, 천연 발효종, 게랑드 소금과
물로만 반죽해 구워 내며 주로 식사용 빵을 판매한다. 맛있는
반죽이 만들어 내는 빵의 마법을 가장 확실하게 느낄 수 있는
곳으로 구워 내기 무섭게 팔려 나가는 인기 빵집이다. 버터와
달걀이 들어가지 않아 표면이 거칠고 딱딱하지만, 단단한
표면을 지나 만나는 속살은 진하고 고소한 빵 본연의 맛 그
자체를 선사한다. 잼이나 버터, 치즈 등 빵에 곁들이는 어떤
것과도 환상의 조합을 이루는 가장 기본적이고 본질적인
빵이다. 1인당 5개까지만 구입할 수 있는 바통은 서두르지
않으면 구경하기도 힘들다.

바통, 팽오르뱅

🏠 부산시 수영구 광남로48번길 19 📞 051-625-1125 🕐 11:00~16:30
※빵 매진 시 마감 ❌ 월·화요일

통단팥빵, 앙버터

중독성 있는 팥빵 홍옥당

팥 색깔 간판의 '홍옥당'이라는 글씨 옆에
'팥빙수'라는 글씨가 대문짝만 하게 쓰여 있다.
여름에는 팥빙수, 겨울에는 팥죽을 팔고 상시
통단팥빵을 구워 판매한다. 팥빙수, 팥죽, 팥빵
모두 국산 팥을 직접 쑤어서 만든다. 많이 달지
않으면서 텁텁함도 없는 단팥빵은 팥빵을 좋아하지
않는 사람이라도 한번 맛보면 다시 와서 사 갈
만큼 인기가 좋다. 프랜차이즈 빵집의 단팥빵과는
차원이 다른 맛으로 가까운 지인들을 위한
선물용으로도 좋다.

🏠 부산시 수영구 광안해변로 141 📞 051-627-1026
🕐 10:00~20:00

크루아상,
바게트,
페이스트리

프랑스인이 만든 진짜 프랑스 빵 메트르아티정

프랑스에서 8년간 빵집을 하다가 부산에 정착한
한국인 아내와 프랑스인 남편이 운영하는 빵집이다.
천연 발효종인 르방levain과 100% 우유 버터로 만든
건강 빵을 맛볼 수 있는 곳으로 바게트와 크루아상이
가장 인기 있다. 크루아상의 결 사이사이에 스며 있는
진하고 고소한 버터의 풍미가 일품이고, 씹을수록
곡물 자체의 단맛이 우러나오는 잡곡 바게트도
별미다. 기본적인 크루아상과 바게트 외에도
블루베리, 피스타치오, 호두, 초콜릿 등의 재료를 더한
크루아상과 메밀, 잡곡 등을 넣은 바게트가 있다.

📍 부산시 수영구 남천동로22번길 21 📞 070-8829-0513
🕐 09:00~20:00 ❌ 월요일

제과 기능장의 빵집 시엘로 과자점

남천동이 지금의 빵천동이 되기 훨씬 전부터
같은 자리에서 매일같이 빵을 구웠다. 영화
<친절한 금자씨>에서 금자 씨에게 제빵 기술을
지도한 사람이 이곳의 제빵사인 김효근 사장이다.
한국제과기능장협회에서 대한민국 제과 기능장의
집으로 인정받아 유명해졌다. 이곳은 피를 맑게
해주어 성인병 예방과 콜레스테롤 수치를 낮추는
데 효과가 있다고 알려진 홍국쌀을 주재료로 빵을
만든다. 홍국쌀, 함양 팥, 100% 천연 생크림 등 좋은
재료로 만든 건강한 빵을 지향하는 빵집이다.

홍국쌀 베이글,
홍국쌀식빵

📍 부산시 수영구 남천동로 19 📞 051-913-0085
🕐 08:30~22:30 ❌ 일요일

바다와 함께 즐기는 디저트 바닷마을과자점

파도가 부서지는 백사장을 가게 외관에 꽉
차도록 그려 넣었다. 바닷마을과자점이라는
가게 이름이 외관에 통째로 들어간 셈이다.
마들렌과 피낭시에, 밀푀유, 타르트 등 달콤하고
부드러운 프랑스 구움과자를 주로 판다. 계절
과일과 크림 등을 더한 겨울 동백, 봄날의 눈
같은 계절 한정 디저트도 만날 수 있다. 마들렌과
피낭시에를 사 들고 광안리 바닷가에 앉아
커피와 함께 즐긴다면 그곳이 바로 세상에서
가장 아름다운 노천카페가 아닐까.

⊙ 부산시 수영구 광남로48번길 43 📞 010-3393-8780
🕐 12:30~19:00 ⊗ 화·수요일

👍
마들렌,
피낭시에,
계절 한정 디저트

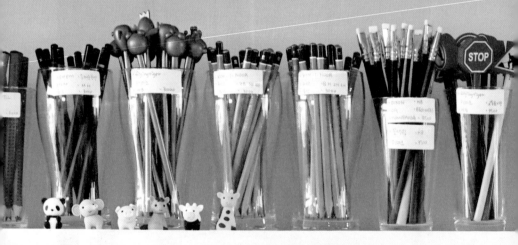

나만의 취향 수집

제주 동네 책방과 문구점

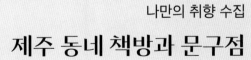

책방 #

문구점 #

제주의 작은 책방과 문구점은 단순히 판매만을 위해 운영하는 곳이 아니다. 책방 주인의 취향과 관심사에 따라 선별한 책으로 서가를 채우고 책 내용이나 감상을 적은 메모를 함께 두어 손님의 선택을 돕는다. 제주의 자연이나 특산물 등을 주제로 제작한 귀여운 소품을 비롯해 제주에서 활동하는 작가들이 디자인한 문구나 잡화, 액세서리 등을 판매하며 제주를 더 널리 알린다. 여행지에서 구입한 책이나 소품은 여행의 감성과 추억이 더해져 훨씬 더 의미 있는 물건이 된다. 이런 작은 책방이나 문구점은 주로 제주의 작은 마을 안쪽에 있어 소소하고 고즈넉한 제주의 풍경을 마주하는 재미도 있다.

남들 다 가는 관광지, SNS에서 수십 번은 본 핫한 카페, 줄 서지 않으면 맛보기 힘든 유명한 식당을 찾아다니는 여행도 물론 즐겁지만, 내가 좋아하는 것과 나를 위한 것을 찾아다니는 여행을 해보면 어떨까. 책과 문구를 좋아하는 여행자를 위해 독특하고 개성 있는 제주의 책방과 문구점을 소개한다.

◈ 사슴책방 → 책다방 → 펠롱잡화점 → 세화씨문방구 → 여름문구사 → 제주 풀무질 → 키라네 책부엌 → 연필가게

사슴책방은 주말에만 운영하니 여행을 계획할 때 일정을 잘 맞춰서 방문하자.

사슴책방 인스타그램 (@deerbookshop_in_jeju)으로 새로 입고된 책과 한정판이나 희귀본 책을 빠르게 확인할 수 있으며 예약 주문도 가능하다.

숲속의 그림 책방
사슴책방

유럽과 일본, 미국 등을 직접 다니며 주목할 만한 그림책 작가의 작품을 선별해 국내로 들여와 판매하는 그림책 전문 서점이다. 그림책, 팝업 북, 드로잉 북, 페이퍼 커팅 북 등 다양한 종류의 이색적인 책을 구경할 수 있어 생각보다 오래 머물게 된다. 서가의 약 80%는 책방 주인이 해외에서 주문한 그림책으로 채워져 있다. 그중에는 책방 주인이 해외 작가에게 직접 사인받은 책과 수제로 제작한 책, 초판이나 한정판 등 세상에 몇 권 없는 희귀본도 포함되어 있다. 국내에서 보기 힘든 책들로 가득해 구경하는 재미가 크다. 아이에게 선물할 그림책을 고르러 왔다가 본인을 위한 그림책까지 고르게 된다는 책방 주인의 말처럼 호기심과 동심을 자극하는 재미있는 그림책이 가득하다. 이곳의 책은 홈페이지를 통한 온라인 주문도 가능하다.

🏠 제주도 제주시 조천읍 중산간동로 698-71 📞 010-7402-9077
🕐 12:00~18:00
❌ 월요일
🌐 jejudeerbookshop.com 🅿 가능
📍 제주시버스터미널 정류장에서 260번 버스 탑승 후 대흘리 하차, 도보 5분

205

나만의 아지트
유람위드북스

- 🏠 제주시 한경면 조수동2길 54-36
- 📞 070-4227-6640
- 🕐 일~목요일 11:00~19:00,
  금·토요일 11:00~22:00
- 💰 7,000원(음료 1잔 포함) 🅿 가능
- 📍 제주시버스터미널 정류장에서
  202번 버스 탑승 후 고산 하차 후
  772-1번 버스로 환승해 조수 1리
  하차, 도보 8분

논밭으로 둘러싸인 시골 마을의 조용한 북 카페. 책방 이름의 '유람'은 이곳에서 키우는 고양이의 이름에서 비롯됐다. 2층 규모의 건물 전체를 책방으로 꾸몄을 정도로 북 카페가 갖추어야 할 모든 것을 갖추었다고 해도 과언이 아니다. 시골 마을의 정겨운 풍경이 한눈에 들어오는 커다란 창, 신발을 벗고 올라가 다리를 쭉 펴고 앉을 수 있는 좌식 공간, 책 한 권을 들고 오랫동안 앉아 있어도 눈치를 주기는커녕 생글생글 미소를 건네는 친절한 주인장까지 하루 종일 머물고 싶은 편안한 공간이다. 인문학부터 만화책에 이르기까지 다양한 책들이 준비되어 있어 취향에 맞게 골라 읽으면 된다. 다락방을 닮은 2층 공간에는 1인용 소파를 여러 개 배치해 1층과는 다른 분위기. 음료를 주문하지 않아도 공간 이용료 4,000원을 내면 누구나 이용할 수 있어 반갑다.

뿌리 깊은 서점 제주 풀무질

풀무질은 서울의 성균관대학교 앞에 있는 오래된
인문사회과학 서점이다. 26년 동안 운영한 주인장이 젊은
청년들에게 풀무질을 넘겨주고 제주로 내려와 아름다운
바닷가 마을 세화리에 제주 풀무질을 열었다. 직접 손글씨로
쓴 '추천 책 100선'을 붙여 놓고, 서울 풀무질 시절의 이야기와
사진을 진열해 두었다. 여행 중 가볍게 읽기 좋은 에세이나
소설부터 책방이 지향하는 가치관을 담은 책, 글쓰기에
관한 책 등 이곳만의 취향으로 채운 서가를 구경하는 것도
재미있다.

ⓐ 제주도 제주시 구좌읍 세화합전2길 10-2 ☎ 064-782-6917
ⓞ 11:00~18:00 ✖ 수요일 ⓟ 가능 ⓠ 제주시버스터미널 정류장에서 201번
버스 탑승 후 세화고등학교 하차, 도보 12분

작은 마을의 작은 글
책방 소리소문

'책방에선 인생 샷보다 인생 책을 만나세요' 저지리의 작은
책방 소리소문의 입구에 붙어있는 메모다. 나만의 인생 책을
만날 수 있도록 책방지기가 꼼꼼하게 엄선한 책들로 서가를
빼곡하게 채웠다. 블라인드 북은 소리소문의 최고 인기
상품으로 포장지에 적힌 책방지기의 메모만으로 호기심을
자극한다. 포장지를 뜯기 전까지는 무슨 책이 들어있을지
알 수 없어 나 자신에게 혹은 친구를 위한 선물용으로
구입하는 사람이 많다. 책방의 가장 큰 무기는 책이어야
한다는 신념으로 좋은 책을 어떻게 더 잘 소개하고 진열할지
끊임없이 고민하는 책방이다.

ⓐ 제주시 한경면 저지동길 8-31 ☎ 010-8298-9884 ⓞ 11:00~18:00
※사전 예약제로 운영, 네이버 예약 이용 ✖ 화·수요일 ⓟ 가능
ⓠ 제주시버스터미널 정류장에서 102번 버스 탑승 후 한림환승정류장 하차 후
784-1 환승해 저지리사무소 하차, 도보 5분

어른을 위한 문방구 여름문구사

재미있고 아기자기한 물건을 사랑하는 어른들을 위한
귀여운 소품 가게다. 여름을 좋아하는 주인장의 취향에 맞게
여름문구사라 이름 지었다. 어디서 이런 물건을 구해 왔을까
싶어 웃음이 나오는 재미난 물건부터 제주를 담은 문구류와
잡화, 쓸모를 알 수 없는 귀여운 소품, 친구에게 선물하기 좋은
액세서리 등 나도 모르게 "예쁘다."는 말을 뱉으며 저절로
지갑을 열게 되는 곳이다. 보기만 해도 즐거운 물건들을
둘러보느라 얼굴에서 미소가 떠나지 않는다. 주인장의 센스
넘치는 메모도 재미있다.

ⓐ 제주도 제주시 구좌읍 구좌로 77 ⓒ 010-2600-9447
ⓞ 11:00~18:00 ⓧ 수·일요일 ⓟ 주변 길가 이용 ⓢ 세수시버스터미널
정류장에서 201번 버스 탑승 후 세화환승정류장(세화리) 하차, 도보 6분

반짝반짝 빛나는 곳 펠롱잡화점

한라산, 성산일출봉 등 제주를 대표하는 명소나 한라봉, 동백꽃,
제주 해녀 등 제주의 상징을 귀엽고 실용적인 소품으로 제작해
판매하는 소품 가게다. 제주에서만 만날 수 있는 문구류나
액세서리, 기념품이 가득해 구경하는 재미가 쏠쏠하다. 제주를
상징하고 제주를 표현하는 크고 작은 제품부터 일상생활에
실용적인 문구와 소품까지 다양한 물건으로 채워져 있어 나도
모르게 하나둘 사게 되는 곳이다. 가게 이름의 펠롱은 제주
방언으로 반짝거린다는 뜻이다. 반짝반짝한 아이디어의 제품을
구경하느라 손님들 눈도 반짝반짝 빛난다.

ⓐ 제주도 제주시 구좌읍 세평항로 45 ⓒ 010-6597-3669 ⓞ 11:00~21:00
ⓧ 비정기적, 인스타그램(@pellong.generalstore) 확인 ⓟ 가능 ⓢ 제주시버스터미널
정류장에서 201번 버스 탑승 후 세화환승정류장(세화리) 하차, 도보 9분

예쁜 것들의 천국 세화씨문방구

제주를 사랑하는 이진아 작가가 운영하는 작은 소품
가게다. 주인장이 직접 그린 그림에 손글씨를 새겨
넣은 엽서와 캘린더, 다이어리, 스티커, 마스킹 테이프
등 귀여운 물건으로 가득하다. 세화 바다가 시원하게
내려다보이는 창문에 주인장이 직접 쓴 손글씨를 새겨
넣은 것도 정겹다. 아무것도 사지 않고 빈손으로 나오기
어려울 만큼 아기자기하고 예쁜 물건이 많다. 이곳의
마스코트, 고양이 삼식이와의 만남도 놓치지 말자.

🏠 제주도 제주시 구좌읍 해맞이해안로 1450-1　📞 010-6844-0601
🕐 11:00~18:00　⊗ 일요일　🅿 세화해수욕장 주차장 이용
📍 제주시버스터미널 정류장에서 201번 버스 탑승 후
세화환승정류장(세화리) 하차, 도보 8분

세상의 모든 연필 연필가게

세계를 여행하며 모은 연필과 문구류를 판매하는 문구점이다. 룩셈부르크, 영국, 독일, 터키,
러시아, 타이완, 태국 등 세계 곳곳에서 수집한 연필과 문구를 한곳에서 만날 수 있다니 연필
덕후에게 이처럼 흥미로운 곳이 또 있을까. 종이 위로 연필이 지나가며 내는 사각사각 소리에
힐링이 된다는 연필가게 주인장처럼 문구 덕후에게 이곳은 힐링 공간이다. 세상의 다양한
연필을 구경하며 각각의 연필이 만들어 내는 소리와 질감을 상상하는 것도 재미있다.

🏠 제주도 서귀포시 남원읍 태위로 929　📞 010-6496-4929　🕐 11:00~18:00　⊗ 월·일요일　🅿 가능
📍 제주시버스터미널 정류장에서 231번 버스 탑승 후 태흥초등학교 하차

Part 21

지금 이 순간
마법처럼

시공간을 초월한 감성 여행

고궁에서 달빛 산책

서울 창경궁

고궁

야경

겨우내 얼어붙었던 창경궁 연못 위로 다시 달그림자가 일렁인다. 연못 주변을 밝히는 청사초롱
불빛도 물 위에서 하늘거린다. 봄이 가까이 왔다는 뜻이다. 봄이 오면 겨울을 잘 흘려보낸
창경궁 연못 위의 달빛을 만나고 싶어진다.

몇 년 전까지만 해도 창경궁의 밤을 만나기란 하늘의 별 따기였다. 1년에 몇 차례 진행하던
창경궁 달빛 기행은 온라인 예매를 시작하고 몇 분 만에 매진되기 일쑤였고, 인터넷 중고 거래
사이트에는 티켓을 비싸게 파는 암표상도 등장했다. 시간과 돈이 있어도 운이 없으면 만날
수 없는 것이 창경궁의 밤이었다. 예매에 실패하고 SNS에 올라오는 창경궁의 밤을 부러운
마음으로 지켜볼 수밖에 없었다. 그러나 2019년부터 밤 9시까지 상시 개방해 누구나 언제든지
창경궁의 달빛을 만날 수 있게 되었다. 더 이상 예매 전쟁을 치를 일도, 예매 창 앞에서 실망할
일도 없어졌다.

환하게 불빛을 밝힌 고궁 사이를 거닐다가 조용한 산책로가 나오면 곧 창경궁에서 달빛이
가장 밝게 머무는 춘당지春塘池를 만나게 된다. 불빛을 밝혀 한껏 화려해진 고궁의 건물도
아름답지만, 창경궁의 달밤을 좋아하는 진짜 이유는 고즈넉하고 소박한 연못 춘당지가
있기 때문이다. 고궁의 연못에는 으레 왕의 휴식을 위해 지은 화려한 누각이나 정자가 있기
마련인데 춘당지에는 둘 다 없다. 춘당지 자리는 본래 연못이 아니었기 때문이다. 조선 시대에
왕이 풍년을 기원하는 행사를 열던 장소였으나 일제강점기에 일본인들이 창경궁을 유원지로
만들면서 이곳에 연못을 판 것이다. 1986년에 이르러 그 흔적을 없애고 한국의 전통 양식에

맞게 재정비해 지금의 춘당지가 되었다. 이 때문에 누각도 정자도 없는 것이다. 아담한 크기의 석탑 하나를 제외하면 연못 주변에는 온통 풀과 나무뿐이다. 다른 고궁의 연못에 비하면 소박하기 이를 데 없지만 연못에 일렁이는 달빛만큼은 어느 고궁의 연못보다도 선명하고 아름답다.

창경궁을 걷다 보면 문득 궁금해진다. 왜 전각 수가 다른 고궁의 반도 안 될 정도로 적은 것일까? 그 답에는 우리의 아픈 역사가 있다. 1909년 일제는 몸이 약한 순종 황제를 창경궁에 가둬 두고 왕을 위로한다는 구실로 창경궁에 식물원과 동물원을 지었다. 전각을 헐어 낸 자리에 동물 우리를 설치하고 일본인이 좋아하는 벚나무를 마구잡이로 심었다. 창경궁의 이름마저 창경원으로 바꾸고 조선의 궁궐을 한낱 유원지로 만들어 버린 일제의 만행이었다. 광복 이후로도 세월이 한참 흐른 1984년에야 시작된 궁궐복원사업에 따라 동물은 서울대공원으로, 벚나무는 여의도 윤중로와 서울대공원으로 옮겼다. 창경원으로 불리던 창경궁은 70여 년 만에 원래 이름을 되찾았다. 조선왕조가 무너진 가운데 동물이 뛰어다니고 벚꽃잎이 흩날리던 창경원의 모습은 사라져 창경궁 역사의 일부로만 남게 되었다.

슬프고도 아름다운 공간, 대온실

창경궁에 있는 대온실은 우리나라 최초의 서양식 온실로 2004년 2월 6일 대한민국 국가등록문화재 제83호로 지정되었다. 1909년 일제가 몸이 약한 순종 황제를 위로한다는 구실로 지었지만, 실상은 궁궐의 존엄성을 파괴하고 장악하려는 속셈이었다. 아름다운 외관의 대온실은 우리의 불행했던 역사가 그대로 담겨 있는 가슴 아픈 공간임을 잊지 말아야 한다. 일제가 지은 다른 건물은 모두 철거했지만 대온실은 철재와 목재로 뼈대를 세우고 유리로 벽면을 만든 최초의 건축물로 건축사적 의미가 있어 남겨 두었다. 1986년인 창경궁 복원 이후 천연기념물 제194호인 창덕궁 향나무 후계목과 통영 비진도 팔손이나무 후계목 등 70여 종의 국내 자생 식물이 자라고 있다.

🏠 서울시 종로구 창경궁로 185　　₩ 1,000원
📞 02-762-4868　　　　　　　　🌐 cgg.cha.go.kr
🕐 09:00~21:00　　　　　　　　🅿 가능
　　※1시간 전 입장 마감

📍 지하철 4호선 혜화역 4번 출구에서 도보 15분
🧭 한양도성 낙산 구간 → 창신숭인 채석장 전망대 → 창경궁

조선 역사를 따라 걷는 길
한양도성 낙산 구간

한양도성은 한양을 둘러싸고 있던 4개 산인
백악·낙타·목멱·인왕산의 능선을 따라 축조한 성곽으로
길이는 약 18.6km에 달한다. 조선왕조의 수도인 한성부의
경계를 표시하고 왕조의 권위를 드러냄과 동시에 외부의
침입으로부터 수도를 방어하기 위해 태조 대부터 세종, 숙종
대에 걸쳐 짓고 다듬었다. 현존하는 전 세계 도성 중 가장
큰 규모일 뿐 아니라 가장 오랫동안 도성의 기능을 수행한
것으로 알려져 있다. 한양도성 순성길은 낙산, 흥인지문, 남산,
인왕산 총 4개 코스로 이루어져 있으며 그중 난도가 가장 낮은
낙산 구간은 산책하듯 슬슬 걷기 좋아 남녀노소 모두에게
사랑받는다. 낙산 구간을 걷다 보면 벽화마을로 유명한
이화마을과 장수마을도 만나게 된다.

🅿 한양도성박물관 주차장 이용(대중교통 이용 권장) 📍 지하철 4호선
한성대입구역 4번 출구에서 도보 3분 🧭 혜화문 → 흥인지문 총 2.1km, 1시간 소요

서울 시내를 한눈에
창신숭인 채석장 전망대

🏠 서울시 종로구 낙산5길 51
📞 02-764-6364
🕐 10:00~20:00 ❌ 월요일
🅿 불가능 🚇 지하철 1·4호선
동대문역 2번 출구 앞 정류장에서
종로03번 마을버스 탑승 후
낙산삼거리 하차, 도보 5분

낙산 자락에 자리한 창신동과 숭인동 일대는 전망이 좋고
풍경이 아름다워 조선 시대 문인들이 별장을 짓고 풍류를
즐기던 곳이었다. 그러나 일제강점기에 조선총독부와 서울역,
한국은행 등을 짓는 데 필요한 석재를 조달하기 위해 일제가
한양 곳곳을 마구 캐내기 시작했고 이 일대는 채석장이
되었다. 이후 한국전쟁 때 이주민과 피난민이 모여들어 마을을
이루었지만 오랫동안 개발되지 않아 낙후된 동네였다. 이
일대가 변화하기 시작한 것은 2014년 도시재생선도지역으로
선정되고부터다. 창신동에 우뚝 솟아 있는 창신숭인 채석장
전망대 역시 도시재생사업의 일환으로 조성되었다. 채석장이
있던 높은 곳에 위치해 건너편의 숭인동 채석장을 비롯해
동대문디자인플라자(DDP), 잠실 롯데월드타워, 남산까지
한눈에 들어온다. 건물 안에는 창신숭인 도시재생 협동조합에서
운영하는 전망 좋은 '카페 낙타'가 있다.

줄 서서 먹는 돈가스 **정돈**

400시간 동안 저온 숙성한 돼지고기로 만든 돈가스 전문점이다. 국내산
암퇘지만 사용해 육질이 부드럽고 고소하며 육향이 진하다. 소금에
콕 찍어 먹는 육즙 가득한 돈가스 맛으로 TV 프로그램 <수요미식회>
돈가스 편에 소개되기도 했다. 식사 시간이 시작되기도 전부터 줄을 서는
집으로, 오픈 시간이나 브레이크 타임이 끝나는 시간에 맞춰 가면 비교적
여유 있게 식사할 수 있다. 선홍색 육즙을 가득 머금은 두툼한 안심돈가스, 살코기와 지방이
적절히 섞인 등심돈가스, 돈가스에 곁들여 먹는 카레가 가장 인기 있다.

🏠 서울시 종로구 대학로9길 12, 지하 1층 📞 02-987-0924 🕐 11:30~15:30, 17:00~21:30 🅿 인근 공영 주차장 이용
➕ 창경궁

아담한 한옥 카페 **서화커피**

작은 마당을 품은 아담한 한옥이 예쁜 카페가 되었다. 조용한 골목
안쪽에 자리한 곳으로 소박하면서 차분한 분위기다. 달달한 서화커피,
수제청으로 만든 과일 차와 에이드, 비엔나커피 등이 대표 음료다.
카페와 마당을 드나들며 손님들의 사랑을 독차지하는 고양이 인절미는
이곳의 마스코트다. 햇살이 잘 드는 장소를 골라 나른하게 낮잠을 즐기는
귀여운 인절미 덕분에 카페에 머무는 시간이 더 행복해진다.

🏠 서울시 종로구 대학로9가길 8 📞 070-7543-9201 🕐 11:00~22:00 🅿 인근 공영 주차장 이용 ➕ 창경궁

서울에서 가장 오래된 다방 **학림다방**

서울에서 가장 오래된 다방으로 대학로 큰길가에 자리한다. 1956년에
문을 열어 65년째 같은 자리를 지키고 있다. 1956년에는 학림다방
건너편에 서울대학교 문리대가 위치해 이곳에 서울대생들이
끊임없이 드나들었다. 서울대생들 사이에서 학림다방은 '문리대 제25
강의실'이라는 별명으로 불렸다. 4·19혁명, 학림사건 등 서울의 근현대사를
목도하며 자리를 지켜낸 다방 그 이상의 공간이라 할 수 있다. 대학생들의 모임 장소로,
많은 문학인과 예술인의 아지트로 사랑받았던 장소이기에 현재는 당시를 추억하는 중년들과
오래된 감성을 좋아하는 젊은이들이 어우러지는 특별한 공간이 되었다.

🏠 서울시 종로구 대학로 119, 2층 📞 02-742-2877 🕐 10:00~23:00 🅿 인근 공영 주차장 이용 ➕ 창경궁

우리나라에서 동남아 여행

양주 국립아세안자연휴양림

아시아

전통 가옥

해외여행은 고사하고 인천국제공항 문턱을 넘어본 지도 1년 반이 다 되어 간다. 이대로
시간이 훌쩍 지나가 버려 "라떼는 말이야, 마스크도 안 쓰고 1년에 몇 번씩 해외여행도 가고
그랬다니까!"라며 옛날이야기를 하는 날이 올까 두렵다. 여행을 떠나기 전날 밤의 설렘도,
북적이고 소란스러운 공항도, 낯선 도시의 어색함도, 그 도시의 공기와 바람까지 모든 것이
그립기만 한 요즘이다. 언젠가는 다시 그런 날을 만날 수 있겠지.

아쉬운 마음은 잠시 접어 두고 경기도 양주시의 국립아세안자연휴양림으로 아주 짧은
해외여행을 다녀왔다. 서울에서 자동차로 1시간 거리에 위치한 곳으로 아세안 10개 나라의
전통 가옥을 재현해 놓았다. 국내에 거주하는 아세안 국가 이민자들과 함께 대한민국의
아름다운 산림을 나누자는 취지로 지은 휴양림이다. 싱가포르, 인도네시아, 태국, 캄보디아,
브루나이, 베트남, 라오스, 미얀마, 필리핀, 말레이시아 등 각 나라의 전통 가옥 양식으로 건물을
짓고 입구의 안내센터는 한옥으로 지었다. 모국을 떠나온 이들의 향수를 달래고자 마련했지만
이제는 해외여행에 목마른 이들을 달래는 곳이 되었다.

각 나라의 전통 가옥은 모두 숙박 시설로 운영한다. 하룻밤 머물며 천천히 즐길 수도 있고
외부에서 둘러보기만 할 수도 있다. 화장실, 냉난방 시설, 주방 시설, TV 등이 현대식으로
깔끔하게 잘 갖춰진 실내는 머무는 데 불편함이 없다. 전통 가옥을 둘러보다 보니 이곳의 10개
전통 가옥에서 모두 묵어 보고 싶은 욕심이 생긴다. 이국적인 숙소에서 하룻밤 지내며 과거
이국에서 보냈던 밤을 추억하는 것으로 아쉬운 마음을 조금이나마 달래 보는 것은 어떨까.

🏠 경기도 양주시 백석읍 기산로 472

📞 031-871-2796

🕐 4~11월 09:00~18:00,
12~3월 09:00~17:00

❌ 화요일

💲 입장료 1,000원 /
4~12인실 40,000~145,000원

🌐 www.foresttrip.go.kr/indvz/
main.do?hmpgId=0104

🅿 가능(유료)

📍 지하철 1호선 양주역 1번 출구 앞 정류장에서 18번 버스 탑승 후 기산리종점
하차, 도보 13분

아찔한 출렁다리
마장호수

- 📍 경기도 파주시 광탄면 기산리
- 📞 031-940-4724
- 🕐 출렁다리 09:00~18:00
- 🅿️ 가능 🚇 지하철 3호선 원흥역 2번
출구 앞 정류장에서 313-1번 버스
탑승 후 마장호수출렁다리 하차

고령산, 박달산, 팔일봉 등의 산으로 둘러싸인 호수로
아름다운 산세와 푸른 하늘을 거울같이 담아낸다.
원래 농업용 저수지였는데 파주시가 호수 일대를
마장호수공원으로 지정하면서 사람들이 찾아오기 시작했다.
호수를 둘러싼 약 4.5km 산책로는 평탄한 흙길과 나무 데크로
조성되어 누구나 힘들지 않게 호수를 바라보며 산보를 즐길
수 있다. 걷다 보면 가끔씩 호수에서 텀벙거리는 물고기가
인사를 건넨다. 무엇보다도 마장호수의 명물은 호수를
가로지르는 길이 220m, 폭 1.5m의 출렁다리다. 군데군데
바닥이 숭숭 뚫린 철판으로 되어 있어 서 있기만 해도 온몸이
찌릿찌릿하지만 어른 1,200여 명이 동시에 올라도 문제없는
튼튼한 다리라 한다. 출렁다리 위에서 바라보는 호수 경치는
사방이 탁 트여 가슴 속까지 시원해진다.

사진 찍기 좋은 수목원
벽초지수목원

🏠 경기도 파주시 광탄면 부흥로 242
📞 031-957-2004
🕐 12~2월 10:00~17:00, 3·10월
09:00~18:00, 4~9월 09:00~19:00,
11월 09:30~17:30 ₩ 9,000원
🌐 www.bcj.co.kr 🅿 가능
📍 지하철 경의중앙선 금촌역 1번
출구 앞 정류장에서 61번 버스 탑승 후
벽초지수목원 하차

동서양의 정원이 다양한 주제로 펼쳐져 있는 이국적인
수목원으로 2005년에 문을 열었다. 입구에서부터 시작되는
유럽식 정원은 프랑스의 베르사유 궁전과 이탈리아의 조경
양식을 참고해 만들었다. 다채로운 색상의 꽃과 이국적인
건물, 화려한 장식이 더해진 서양 정원은 곳곳이 포토존이다.
벽초지수목원은 SNS에서 인기 있는 여행지 중 하나이며
<빈센조>, <호텔 델루나>, <태양의 후예> 등 수많은 드라마의
배경으로 등장하기도 했다.

산책로를 따라 걷다 보면 이곳에서 가장 아름다운 연못
벽초지에 닿는다. 수양버들이 가지를 늘어뜨린 가운데 호젓한
자태의 정자가 운치를 더한다. 이국적인 것들이 가득한
곳에서 가장 한국적인 기품으로 맑게 빛나는 연못이 더욱
아름답게 느껴진다.

맛있는 시간

마장호수의 간판스타 레드브릿지

마장호수가 한눈에 내려다보이는 전망 좋은 베이커리
카페다. 레드브릿지에 가기 위해서 마장호수에 간다는
사람이 있을 정도로 이 일대에서 가장 유명한 곳이다. 2층
건물에 야외 테라스까지 있는 널찍한 규모로 테이블 간격도
넓은 편이라 마음 편하게 머무르기에 좋다. 샌드위치부터
다양한 종류의 빵과 디저트까지 있어 간단하게 식사를
해결할 수도 있다. 호수가 바라보이는 창가에는 편안하게
몸을 기댈 수 있는 라운지 체어가 놓여 있다. 큰 창을 통해
마장호수 풍경을 여유롭게 즐길 수 있는 만큼 이 자리는
차지하기가 쉽지 않다. 2층 바람의 통로에서 시원하게
펼쳐진 호수의 전경을 카메라에 담는 것도 빼놓지 말자.

⊙ 경기도 파주시 광탄면 기산로 329   ☎ 070-8880-5555
⊙ 10:00~20:30   ℗ 마장호수 주차장 이용   ⊕ 마장호수

식물원을 닮은 카페 오랑주리

마장호수 끝자락에 자리한 커다란 규모의 카페다. 밖에서
보면 통유리창이 설치된 전망 좋은 카페 정도로 보이지만
안으로 들어서면 완전히 딴 세상이다. 바위와 나무, 연못과
연못 위의 다리까지. 카페라는 사실을 모르고 들어갔다면
식물원이라 해도 믿을 정도다. 양쪽 통유리창으로는
시원하게 펼쳐진 마장호수와 울창한 식물을 볼 수 있다.

눈 닿는 곳곳에 자연이 가득해 마음이 상쾌해지는 곳으로
방송과 광고, 화보 촬영 등의 배경으로도 인기가 좋다.
식물원 입장료가 포함된 것이라 생각하면 음료와 디저트
가격이 그리 높은 편은 아니다. 음료를 마신 뒤 컵을
반납하면 2시간 주차권을 받을 수 있으니 꼭 챙기자.

🏠 경기도 양주시 백석읍 기산로 423-19 📞 070-7755-0615
🕐 11:00~21:00 🅿 가능 ➕ 국립아세안자연휴양림

데이지꽃이 피는 베이커리 카페 필무드

파주에서 마장호수로 가는 길목에 자리한 엄청난 규모의
베이커리 카페다. 깔끔하고 세련된 외관과 햇살이 듬뿍
들어오는 밝고 따뜻한 실내, 잔디밭이 펼쳐진 예쁜 정원과
테라스 등으로 많은 사람에게 사랑받는 곳이다. 특히
진열대를 가득 채운 다양한 종류의 빵과 케이크 앞에서는
행복한 고민에 빠질 수밖에 없다. 정원 잔디밭 너머로

보이는 박달산과 고령산이 어우러진 경치도 아름답다.
5월과 6월에는 정원에 데이지꽃이 만발하니 사진 찍는 것을
좋아한다면 이 시기를 놓치지 말자. 건물 자체가 커다란
조명이 되어 길을 밝히는 저녁 풍경도 무척 운치 있다.

🏠 경기 파주시 광탄면 기산로 129 📞 031-944-0323
🕐 10:30~21:00 ✖ 셋째 주 화요일 🅿 가능 ➕ 마장호수

하늘 가까이서 별 헤는 밤

강릉 안반데기

↗ 별

↗ 전망대

단 한 글자로 마음을 몽글몽글하고 설레게 만드는 단어가
있다면 그건 아마도 '별'일 것이다. 도시에서는 점점 보기
힘들어진 탓에 별을 보려면 하늘과 가깝고 공기가 깨끗한
곳으로 찾아가야 한다. 하지만 밤하늘을 가득 채운 별을
만나기 위해서라면 일부러 찾아가는 그 수고스러움까지도
즐거움이 된다.

강릉 시내에서 자동차로 약 50분. 구불구불하고 가파른
산길을 올라 안반데기 멍에전망대 앞 주차장에 도착했다.
강릉 시내에서 사 온 김밥으로 차 안에서 저녁을 해결하고
완전히 어두워질 때까지 기다렸다. 드디어 저 멀리
보이는 불빛들이 하나둘씩 꺼지고 어둠이 짙어져 별이
선명해지는 시간, 밤 10시. 밖으로 나가 보니 하늘은 이미
별들의 차지가 되어 빈틈없이 빛나고 있었다. 아름답고
찬란한 하늘 아래서 꿈을 꾸는 것만 같았다. 꿈에서 깨면
사라질까 보고 또 보며 마음에 담았다. 밤을 꼬박 새워도
부족할 것만 같았던 순간, 세상이 멈춘 듯 고요하고 거룩한
밤이었다.

안반데기는 떡메를 칠 때 받치는 우묵한 나무판자 '안판'과
평평한 땅을 뜻하는 '덕'의 강원도 사투리 '데기'가
합쳐진 말로, 이곳의 지형이 평평하고 우묵한 데에서
붙은 이름이다. 여름에는 마을 북쪽 고루포기산에서 남쪽
옥녀봉에 이르는 약 2km²의 산자락이 고랭지 배추로 가득
찬다. 해발 1,100m의 높은 고도 탓에 구름이 무거울 때는
마을까지 흘러내려 온다고 해서 구름의 땅이라 부르기도
한다. 시야가 가로막힌 곳이 없고 공기가 깨끗해 별과
은하수를 관찰하기에 최적의 장소로 꼽는다. 도시에서
멀리 떨어져 있어 인공 불빛에 의한 방해도 거의 없다.
별이 쏟아지는 밤을 완벽하게 만날 수 있는 곳으로 입소문
나면서 사람들의 발길이 끊이지 않는다.

🏠 강원도 강릉시 왕산면 안반데기길 428
📞 033-655-5119
🌐 www.안반데기.kr
🅿 멍에전망대 주차장 이용
   (내비게이션으로 '멍에전망대'를
   검색하고 가야 멍에전망대 바로 앞
   주차장 이용 가능)

🚌 대중교통 이용 불가
📍 국립대관령치유의숲 → 강문해수욕장
   → 안반데기 → 멍에전망대

안반데기까지 올라가는 길은 매우 구불구불하고 경사도 가파른
편이다. 안전하게 어두워지기 전에 올라가 별을 기다리는 것이
좋다. 고도가 높아 매우 추우므로 겨울철에는 방한복, 핫팩,
따뜻한 물 등 추위에 대비해 철저하게 준비해 가야 한다.

안반데기에서는 산불 예방과 환경 보호를 위해 취사를 금지하니
간단히 먹을 수 있는 음식을 준비하는 것이 좋다. 머문 자리는
흔적 없이 깨끗하게, 쓰레기는 모두 되가져온다.

솔향기와 함께 걷는 숲
국립대관령치유의숲

🏠 강원도 강릉시 성산면 대관령옛길
127-42 📞 033-642-8655
🕐 09:00~18:00
ⓦ 무료(프로그램 이용 별도)
🌐 www.fowi.or.kr/user/contents/
contentsView.do?cntntsId=140
🅿 프로그램 예약자만 이용
가능 / 어홀리마을 공용 주차장
이용(국립대관령 치유의숲까지 도보
25분) 🚌 강릉고속버스터미널 근처
홍제IC 정류장에서 504번 버스 탑승
후 성산면사무소 하차, 945번 환승
후 대관령박물관 하차, 도보 25분

90년 이상 된 노송과 금강송, 편백 등이 원시림 상태로 보존된
숲이다. 대관령 옛길, 선자령, 제왕산, 오봉산 등 백두대간
등산로와 연계되어 있으며 무장애 데크 길을 통해 누구나
안전하고 편안하게 숲에 다가갈 수 있다. 계곡을 따라 걷는
물소리 숲길, 소나무 향 가득한 솔향기 치유 숲길, 누구나
쉽게 걸을 수 있는 치유 데크 로드, 경사가 급하고 어려운
코스인 도전 숲길 등 성격과 난이도에 따라 크게 8개 숲길로
나뉘어 있다. 건강 측정실, 치유 움막, 솔향기 터, 치유 숲길 등
숲을 통해 치유를 체험할 수 있는 다양한 공간과 프로그램이
마련되어 있다.

가장 높은 언덕
멍에전망대

안반데기의 별을 더 가까이서 제대로 보려면 멍에전망대로
가야 한다. 주차장에서 풍력발전기가 있는 언덕을 올려다보면
자그마한 정자가 보이는데, 그곳이 바로 안반데기에서
가장 높은 언덕, 멍에전망대다. 산비탈을 손으로 일구어
낸 화전민의 애환을 위로하기 위해 밭에서 나온 돌을 쌓아
돌담을 두르고 돌계단을 만들었다. 이곳에서 바라보는
밤하늘과 일출, 그리고 가지런하게 정돈된 배추밭은
아름답다는 말로는 부족할 만큼 가슴 벅차고 감격스럽다.

🔼 강원도 강릉시 왕산면 대기리 2214-272 🅿 가능 🚉 대중교통 이용 불가

장마철이나 태풍이 심할 때는 축석 붕괴 우려가 있어 폐쇄한다.

작고 귀여운 바닷가
강문해수욕장

경포호 근처에 있는 자그마한 해변이다.
강릉 커피거리로 유명한 안목해수욕장이나
강릉에서 가장 큰 규모를 자랑하는
경포대해수욕장에 비하면 아담하고 소박한
해변이지만 조용하고 편안하게 바다를 즐길
수 있다. 아기자기한 포토존과 바다로 뻗은

강문솟대다리, 그네 의자 등 작지만 알차게 꾸며져 있다. 해변 끝에 있는 강문교를 건너면
드넓은 백사장이 펼쳐진 경포해수욕장과 연결된다. 한들한들 흔들리는 그네 의자에 앉아
바다를 바라보고 있으면 시간 가는 줄 모르고 '바다멍'에 빠져든다. 향긋한 커피와 함께한다면
이곳이 바로 세상에서 가장 아름다운 카페가 아닐까.

🔼 강원도 강릉시 창해로350번길 7 📞 033-640-4533 🅿 가능 🚉 KTX 강릉역 정류장에서 202-1·202-2번 버스 탑승
후 강문해변입구 하차, 도보 8분

보들보들 따뜻한 순두부 한 그릇 9남매두부집

강릉이나 속초에는 순두부를 파는 집이 유난히 많다. 콩이
잘 자라는 토양 덕분에 1960년대부터 집에서 두부를
만들어 팔던 것을 시작으로 강릉의 초당순두부마을, 속초의
학사평순두부마을 등 순두부 가게가 모여 있는 마을까지
생겨났다. 특히 깨끗한 콩과 바닷물로만 만든 강릉의
초당순두부는 무기질이 풍부하고, 속을 따뜻하고 편안하게 해
아침 식사로 그만이다. 이곳은 국산 콩을 직접 갈아 가마솥에
끓여서 두부를 만들어 강릉으로 여행 갈 때마다 아침 식사를
하기 위해 찾는 곳이다. 자극적이지 않으면서도 고소하고
보들보들한 순두부백반이 일품이다. 얼큰하고 푸짐한
순두부전골과 구수하고 진한 청국장 등 모든 음식이 맛있다.

🄰 강원도 강릉시 초당원길 63-2 📞 033-653-9909
🕐 08:00~20:00 ❌ 목요일 🅿 인근 길가 이용 ➕ 강문해수욕장

밥상 위의 산나물 축제 산나물천국

제철에 나는 산나물은 비타민과 무기질, 단백질, 섬유질,
미네랄 등이 풍부해 원기를 회복하고 소화를 돕는다. 강원도
점봉산에서 채취한 100% 자연산 산나물로 한 상 차려
내는 이곳은 제철 산나물을 원 없이 먹을 수 있는 곳이다.
말린도토리묵무침, 갯방풍나물무침, 참나물무침 등 밑반찬도
하나하나 다 맛있다. 특히 직접 담근 명이나물장아찌에
산나물을 골고루 올려 돌돌 말아 먹는 명이나물쌈은 이
집만의 별미다. 달거나 짜지 않고 명이나물 본래의 맛을 느낄
수 있어 추가 주문하는 사람도 많다. 나 홀로 여행자라면
산나물비빔밥 한 그릇과 밑반찬을 푸짐하게 차려 주는
강원나물비빔밥이나 강원나물돌솥비빔밥을 주문하면 된다.

🄰 강원도 강릉시 난설헌로 168 📞 033-652-7033
🕐 11:00~14:30, 17:00~20:00 ❌ 일요일 🅿 가능 ➕ 강문해수욕장

햇살 가득한 디저트 카페 **퍼베이드**

소고기를 팔던 식당을 리모델링한 여유로운 분위기의
디저트 카페다. 군더더기 없이 심플한 공간은 천장에
낸 커다란 창으로 환한 빛이 고스란히 들어와 따뜻하고
포근하다. 벨기에산 밀크 초콜릿과 터키산 헤이즐넛으로
만든 헤이즐넛초코, 에스프레소를 부어 먹는 티라미수,
무화과크림치즈바게트, 딸기크림크루아상 등 베이커리부터
디저트까지 다양한 메뉴를 즐길 수 있다. 특히 얼그레이
가나슈가 들어 있는 심술쿠키와 치즈 초콜릿이 들어간
스마일쿠키는 선물 세트로 구성해 판매할 만큼 인기가 좋다.
날씨가 좋은 날에는 자갈이 깔린 뒷마당에 앉아 햇살과 함께
시간을 보내도 좋다.

⊙ 강원도 강릉시 화부산로 78 ☏ 033-645-7953 ⊙ 10:00~21:00
🅿 가능

강릉을 닮은 서점 **한낮의 바다**

조용히 책을 읽으며 커피나 차를 즐길 수 있는 책방 겸 북
카페다. 주인장의 관심사와 취향으로 큐레이션한 책에는
주인장의 메모가 깨알같이 적혀 있어 책 선택을 돕는다.
주인장이 직접 읽고 고른 책을 정성스럽게 포장한 비밀
책도 만날 수 있다. 어떤 책이 들어 있는지는 알 수 없지만
주인장의 추천 글이 적혀 있어 참고해서 고를 수 있다.
나에게 선물하는 기분으로 한 권 구입해 보는 것도 좋다.
테이블이 두어 개뿐이어서 앉을 수 있는 자리가 많지는
않지만 소란스러움이 전혀 없는 고요한 공간으로 혼자 와서
집중해 책을 읽기 좋다.

⊙ 강원도 강릉시 강릉대로159번안길 12 ☏ 010-2284-9729
⊙ 12:00~18:00 ⊗ 화·수요일 🅿 인근 골목이나 공영 주차장 이용

1,400년 백제의 역사 체험

부어 백제문화단지

- 백제

- 역사

백제의 시간을 걷다, 백제문화단지

사실 부여에 대해서는 아는 바가 많지 않았다. 그나마 기억나는 것은 선화공주와 서동의 사랑 이야기, 의자왕과 삼천궁녀의 낙화암 등 학창 시절에 배웠던 토막 같은 역사들 뿐이었다. 부여에 대해 더 알고 싶어진 것은 어느 날 SNS에서 본 한 장의 사진 때문이었다. 넓디넓은 대지에 펼쳐진 아름답고 우아한 자태의 고궁. 청아한 빛깔의 단청 너머로 삐쭉 솟은 화려한 목탑의 모습은 여태껏 보지 못한 고궁의 모습이었다. 사진 속 그곳은 '백제문화단지'. 그날로 나는 백제문화단지를 검색하고, 지도에 별을 새겨 놓았다.

백제문화단지는 백제의 역사와 문화의 우수성을 전 세계에 알리고자 1994년부터 2010년까지 17년에 걸쳐 조성한 역사 테마파크다. 백제 왕궁인 사비궁을 비롯해 대표적인 사찰 능사, 계층별 주거 문화를 보여 주는 생활문화마을, 백제의 역사와 문화를 한눈에 살펴볼 수 있는 백제역사문화관 등지에 1,400년 문화 대국 백제의 모습을 재현해 놓았다.

특히 눈여겨보아야 할 곳은 국내 최초로 삼국시대 왕궁의 모습을 재현한 사비궁과 능사다. 능사는 국보 제287호 백제금동대향로와 국보 제288호 창왕명석조사리감이 발굴된 백제의 사찰 능산리 사지를 줄여 부르는 이름이다. 백제문화단지에 재현한 능사의 오층목탑은 높이가 38m에 이르며 목탑 처마 끝에 풍경이 매달려 있어 바람에 흔들릴 때마다 영롱한 소리가 들린다. 매년 4~11월 주말에는 백제의 달빛과 함께 산책하며 백제문화단지의 야경을 감상할 수 있다.

부소산성 근처 충청남도종합관광안내소(09:00~18:00)에 무료로 짐을 맡길 수 있으니 뚜벅이 여행자라면 이용해 보자.

작지만 작지 않은 도시, 부여

부여는 5개의 부족으로 이루어진 연맹 왕국이었으며 일찍이 중국과의 외교를 수립했던

왕국이었다. 고조선 다음으로 가장 오래전에 세워져 400여 년간 하나의 나라였던 곳으로

위로는 고구려, 아래로는 신라에 맞서며 번성했던 시절도 있었다. 그러나 황산벌전투에서

패하고 연달아 나당연합군에 패하며 고구려에 편입되었고 쓸쓸히 마침표를 찍었다.

우리나라의 역사에 커다란 흔적을 남기고 역사 속으로 사라진 부여, 부여는 작지만 결코 작지

않은 도시다.

⊙ 충청남도 부여군 규암면 백제문로 455
⊙ 3~10월 09:00~18:00, 11~2월 09:00~17:00 / 야간 개장 4~11월 금~일요일 18:00~22:00 ※정확한 날짜는 홈페이지 확인
⊗ 월요일
₩ 일반 6,000원, 야간 개장 3,000원 ※한복 착용 관람객 50% 할인 (야간 개장 제외)
⊕ www.bhm.or.kr
Ⓟ 가능

⊙ 부여시외버스터미널 근처 우체국·성요셉병원 정류장에서 405·406·506번 버스 탑승 후 백제역사문화관 하차
⊙ 백제문화단지 → 부소산성 → 정림사지 → 국립부여박물관 → 궁남지

한 걸음 더

부여 최고最古의 아름다움
궁남지

궁남지는 궁 남쪽의 연못이라는 뜻 그대로 부여 시가지 남쪽의 별궁에 딸린 연못이었다. 《삼국사기》에는 "궁 남쪽에 못을 파 20여 리 밖에서 물을 끌어다 채우고 주위에 버드나무를 심었으며, 못 가운데 섬을 만들어 선인이 사는 곳을 모방했다."라고 기록되어 있다. 634년(백제 무왕 35년)에 축조한 우리나라에서 가장 오래된 인공 정원으로 일본에 정원 조경 기술을 전해 줄 만큼 백제의 정원 기술이 뛰어났음을 짐작할 수 있는 곳이다.

연못 한가운데에는 용을 품고 있는 정자라는 뜻의 포룡정이 작은 섬처럼 떠 있다. 연못과 포룡정이 부채처럼 펼쳐지는 다리 위의 경치는 SNS에 단골로 등장한다. 봄에는 길게 가지를 늘어뜨린 버드나무가 무성하고, 여름이면 연꽃이 연못을 가득 채운다. 가을에는 국화꽃이 피고 단풍이 색색으로 물들며, 겨울에는 꽁꽁 언 연못 위에 하얀 눈이 소복이 쌓인다. 궁남지 사계라 불리는 아름다운 풍경은 부여 10경 중 하나로 꼽힌다. 연못 주변에는 경치를 감상하며 쉬어 갈 수 있는 그네 의자와 벤치도 있다. 연못과 포룡정이 불을 밝히는 궁남지의 밤도 환상적이다.

충청남도 부여군 부여읍 궁남로 52 041-840-2953 가능
부여시외버스터미널에서 도보 20분

백제의 마지막 기록
부소산성

부소산은 해발 106m의 낮은 산이지만 북쪽에 백마강이 흐르고 남쪽에는 구릉지가 자리해 산과 강을 활용한 방어에 매우 유리한 요충지였다. 웅진에서 사비로 도읍을 옮기기 전에 이미 산성이 존재했던 것으로 추정되며, 나당연합군에 맞서던 백제가 도성을 지키기 위해 마지막 항전을 한 곳이라 전해진다.

이곳은 낙화암으로 유명한데 나당연합군이 백제를 함락하자 굴욕을 면치 못할 것을 예감한 3,000명의 궁녀가 바위에서 백마강으로 몸을 던진 것으로 알려져 있다. 그 모습을 꽃이 떨어지는 것에 비유해 낙화암이라 부르게 되었고 목숨을 잃은 여인들의 혼을 위로하고자 그 자리에 백화정이라는 정자를 세웠다. 오늘날 이 바위에서 몸을 던진 것은 궁녀가 아니라 남녀를 불문한 궁인이며, 백제 인구가 5만 명 남짓했던 것을 생각하면 3,000명이라는 숫자도 의문이 든다고 말하는 학자들도 있다. 하지만 부소산성은 백제의 마지막을 이야기할 때 빠뜨릴 수 없는 역사적 장소인 것만은 분명하다. 이에 그 가치를 인정받아 유네스코 세계문화유산에 등재된 백제역사유적지구 중 하나로 지정되었다. 누구나 어렵지 않게 걸을 수 있는 산책로가 정비되어 있으며, 산성 전체를 붉은빛으로 물들이는 가을 단풍이 특히 아름다운 곳이다.

⊙ 충청남도 부여군 부여읍 부소로 31 📞 041-830-2880
🕐 3~10월 09:00~18:00, 11~2월 09:00~17:00
₩ 2,000원 🌐 www.buyeo.go.kr/html/heritage Ⓟ 가능
📍 부여시외버스터미널에서 도보 20분

백제금동대향로와의 만남 국립부여박물관

123년간 백제의 수도였던 부여의 유물 1,000여 점을 전시하고 있는 박물관이다. 청동기 시대부터 백제 시대의 역사와 생활을 살펴볼 수 있는 전시실, 백제 시대의 공예와 미술, 건축 등을 살펴볼 수 있는 전시실과 기증 유물실 등 총 4개의 전시실로 구성되어 있다. 특히 2전시실은 국보 287호 백제금동대향로가 전시되어 있어 사람들이 가장 집중해서 본다. 용이 향로를 입으로 물어 올린 형태의 백제금동대향로는 연꽃잎으로 장식된 몸체와 산봉우리가 층층이 겹쳐진 모습의 뚜껑, 날개를 활짝 펴고 위풍당당하게 앉아 있는 봉황의 모습이 신비로운 느낌을 자아낸다. 화려하면서도 절제된 아름다움을 보여 주는 백제 미술 최고의 걸작이라 불린다.

🚶 충청남도 부여군 부여읍 금성로 5 📞 044-833-8562 🕘 09:00~18:00
🌐 buyeo.museum.go.kr 🅿 가능 📍 부여시외버스터미널에서 도보 20분

백제 불교문화의 흔적 정림사지

정림사는 부여가 백제의 수도였던 백제 사비 도읍기(538~660년)에 건립한 사찰로 부여 시가지 중심에 자리 잡고 있었다. 백제의 멸망과 함께 소실되어 절터와 탑, 연지 일부만 남아 있다가 복원 사업으로 매몰되었던 연지를 복원하고 금당을 다시 세웠다. 부여에 유일하게 남아 있는 불탑인 정림사지 오층석탑은 단정하고 완벽한 구조의 아름다움을 보여 준다. 백제의 번성과 멸망, 사찰의 융성과 소실을 모두 지켜보며 1,400여 년을 꿋꿋하게 버텨 냈다. 그 밖에 백제의 불교문화를 엿볼 수 있는 정림사지박물관, 보물 제108호로 지정된 정림사지 석불좌상 등을 살펴볼 수 있다.

🚶 충청남도 부여군 부여읍 정림로 83 📞 041-832-2721 🕘 09:00~18:00
🏧 1,500원 🌐 www.buyeo.go.kr/html/heritage 🅿 정림사지박물관 주차장 이용 📍 부여시외버스터미널에서 도보 12분

냉면의 기본 **사비면옥**

한우를 푹 끓여 낸 육수로 만든 물냉면과 한우를 잘게 다져 넣은
비빔냉면, 삭히지 않은 홍어를 넣은 회냉면 등을 파는 냉면집이다.
갈비탕과 갈비찜 등의 메뉴도 있다. 군더더기 없이 깔끔하고 개운한
맛의 육수는 먹을수록 입맛을 당긴다. 인공 첨가물이 들어가지 않아 식사
후 속이 편안한 것도 매력이다. 궁남지, 국립부여박물관, 정림사지 등 주요
관광지와 가까워 식사하고 나서 도보로 이동하기에도 편하다.

🏠 충청남도 부여군 부여읍 궁남로 5 📞 041-835-2220 🕐 월·수~금요일 09:00~15:00, 토·일요일 09:00~19:00
❌ 화요일 🅿 가능 ➕ 정림사지

궁남지를 품은 카페 **at267**

궁남지 바로 옆에 있어 궁남지를 둘러본 후 목을 축이며 쉬어 가기
좋은 카페다. 창밖으로는 궁남지와 서동공원이 넓게 펼쳐져 사시사철
방문하는 즐거움이 있는 곳이다. 커피, 차, 과일 주스 등 음료와 디저트뿐
아니라 햄버거, 샌드위치, 오믈렛, 파니니도 판매해 간단히 식사를
해결하기에도 좋다. 버드나무 가지가 하늘거리는 궁남지를 바라보며 여유를
즐길 수 있는 창가 자리를 추천한다.

🏠 충청남도 부여군 부여읍 서동로 56 📞 041-835-0267 🕐 09:00~22:30 🅿 궁남지 또는 서동공원 주차장 이용
➕ 궁남지

카페가 된 주막 **수월옥**

부여읍 규암리 자온길 일대는 마을재생사업을 통해 오래된 것과 새로운
것이 조화를 이루며 다시 태어난 동네다. 담배 가게가 책방이 되고
버려진 전파사가 소품 가게가 되는 등 낡고 오래되어 사람들이 잘 찾지
않던 곳을 새롭게 단장해 동네에 온기를 불어넣었다. 마을재생사업의 한
프로젝트인 수월옥은 술과 음식을 팔던 주막이 카페로 다시 태어났다.
청자, 백자, 분청사기 등 진열된 찻잔 중 맘에 드는 것을 고르면 주문한 음료를 그 잔에 담아 내준다.
수월옥과 함께 자온길 프로젝트로 바뀐 다른 장소들도 둘러보면 좋다.

🏠 충청남도 부여군 규암면 수북로 37 📞 041-833-8205 🕐 12:00~18:00 ❌ 월요일 🅿 가능

레트로 감성의 동네 탐방

공주 소도시

레트로

역사

공주는 가깝지만 먼 도시였다. 서울에서 1시간 반이면 닿는 도시임에도 좀처럼
가게 되지 않았다. 충청남도인지 충청북도인지조차 정확히 모를 정도로 공주에
대해 아는 바가 별로 없었다. 공주에 직접 가 보기 전까지는 그랬다.
공주종합버스터미널에 도착해 시내버스를 타고 중동 시내에서 내렸다. 골목을
따라 5분쯤 걸었을까, 마을 한가운데 시냇물이 졸졸 흐르고 크고 작은 건물이
옹기종기 모여 있는 예쁜 마을이 나타났다. 시냇가에 알록달록 피어난 꽃과 나무,
그 주변을 여유롭게 산책하는 사람들은 평화로움 그 자체였다. 처음 가 본 낯선
도시에 대한 두려움은 시냇물 따라 날아가 버렸고, 이내 이 도시가 좋아졌다.
본격적으로 여행을 시작하기도 전에 머지않아 공주를 다시, 자주 찾을 것만 같은
예감이 들었다.
오래된 것과 새로운 것이 공존하는 공주는 과거와 현재를 넘나드는 시간
여행을 떠나기 좋은 도시다. 백제의 도읍인 웅진(현재의 공주)의 유적지와
1960~1980년대의 하숙촌을 재현한 공주하숙마을, 한옥이 모여 있는
공주한옥마을, 깔끔하게 정비된 제민천 등 걷기 좋은 길을 따라 과거와 현재의
이야기가 피어난다. 볼거리는 여기저기 흩어져 있지만 멀지 않은 거리라
걸어서도 충분히 이동할 수 있어 여행자에게 더없이 좋은 도시다.

곰의 도시, 곰나루

공주 곳곳을 걷다 보면 하루에도 몇 번씩 곰을 만난다. 공주시 마스코트가 바로 곰이기 때문이다. 곰이 공주의 마스코트가 된 데에는 놀랍고도 슬픈 이야기가 전해진다.

옛날 옛적 이곳에 살던 남자가 연미산 기슭에서 아름다운 여인을 만났다. 여자와 남자는 서로 첫눈에 반해 함께 살았다. 여자는 매일 밖으로 나가 고기를 얻어 왔는데 남자는 귀한 고기를 매일 얻어 오는 것을 수상하게 여겨 몰래 여자 뒤를 쫓았다. 그는 여인이 곰으로 변해 산짐승을 사냥하는 모습을 보고 말았다. 남자가 자신의 정체를 알게 된 것을 눈치챈 곰은 남자를 동굴에 가두고 몇 해를 함께 살면서 자식도 낳았다. 그러다 어느 날 곰이 동굴 입구를 막아 놓는 것을 깜빡하고 사냥하러 간 틈을 타 남자는 영영 곰의 곁을 떠났다. 이에 절망한 곰은 아이들을 끌어안고 금강에 뛰어들어 자살했다고 한다.

이 설화에 따라 이 지역을 곰나루(고마나루), 한자로는 웅진熊津이라 했다. 오늘날 우리가 부르는 이름 공주公州의 기원이다.

🐾 제민천 → 공주하숙마을 → 공산성 → 송산리 고분군 → 연미산자연미술공원

뚜벅이 여행자라면 공주종합버스터미널 내 물품 보관함을 이용하자.

온누리공주 홈페이지(cyber.gongju.go.kr)에서 온누리공주시민으로 가입하면 5,000원의 마일리지를 적립해 준다 마일리지로 공산성, 송산리 고분군, 석장리박물관 등의 입장권을 구입할 수 있고 공주한옥마을과 공주하숙마을에서 숙박 요금을 20% 할인받을 수 있다.

스마트폰에 '착한페이' 앱을 설치하고 공주페이에 가입하면 공주 시내 매장에서 충전 금액을 현금처럼 사용할 수 있다. 충전 금액의 10%는 공주시에서 지원한다(100,000원 충전 시 10,000원 지원) 카페, 식당 등 많은 상점이 가맹점으로 가입되어 있어 이용에 불편이 거의 없다.

이야기는 시냇물을 타고
제민천

🅿 제민천 주변 이용
📍 공주종합버스터미널 정류장에서
200번 버스 탑승 후 중학동 하차

공주 원도심을 흐르는 제민천은 공주교육대학교, 공주시청,
공주하숙마을, 공주산성시장 등을 지나 금강에 합류한다.
특히 제민천 근방에는 공주교육대학교, 공주고등학교,
공주사대부고 등 학교가 많아 1960~1980년대에는 제민천을
따라 각 학교로 등교하는 하숙생들의 행렬이 이어졌다고
한다. 제민천 양옆으로는 고즈넉한 분위기의 한옥 카페와
오랜 시간 자리를 지킨 노포, 감성적인 카페 등이 늘어서
있고, 오래전의 하숙촌을 재현한 공주하숙마을과 당시의
마을 풍경을 그려 볼 수 있는 낭만골목 등이 조성되어 있다.
해가 지고 조명이 켜지면 물 위로 불빛이 반짝이고 냇물이
졸졸 흘러 제민천 주변은 더욱 감상적인 분위기가 된다. 골목
구석구석 깃들어 있는 오래된 이야기가 냇물 소리와 함께
귓가에 들리는 것만 같아 한참을 그곳에 앉아 있었다. 시간이
허락된다면 제민천 근처 숙소에 묵으며 이곳의 아름다운 밤과
아침을 모두 만나 볼 것을 권한다.

공주 하숙촌은 현재진행형

공주하숙마을

⊙ 충청남도 공주시 당간지주길 21
📞 041-852-4747 🛏 2인실
70,000~ 80,000원 ※온누리공주시민
20% 할인 🌐 hasuk.gongju.go.kr
🅿 인근 공영 주차장 이용
📍 공주종합버스터미널 정류장에서
200번 버스 탑승 후 중학동 하차

1960~1980년대의 하숙 문화를 느낄 수 있는 게스트하우스 겸 복합 문화 공간이다. '제민천을 따라 흐르는 문화 골목 만들기 사업' 및 '도시 재생을 위한 하숙촌 골목길 조성 사업'과 연계해 조성되었다. 방 안에는 화장실과 작은 책상, TV, 이불 등이 구비되어 있고 공동으로 이용하는 식당과 주방은 별채에 마련되어 있다. 방마다 이중 출입문을 설치해 안전하게 머물 수 있다. 대문을 나서면 20초 만에 닿을 만큼 제민천이 코앞에 있어 밤에든 아침에든 제민천 주변을 앞마당처럼 산책하기 좋다. 특별한 날에는 마당에서 작은 공연과 행사가 열린다.

먼저 공산성 공주관광안내소에
들러 지도를 받은 뒤 둘러보는
것을 추천한다.

웅진 백제의 숨결 공산성

사적 제12호로 백제 시대에 웅진을 방어하기 위해 해발
110m의 능선과 계곡을 따라 축조했다. 2015년 부여와 익산에
분포된 백제역사유적지구와 함께 유네스코 세계문화유산으로
등재되었다. 1,500여 년이 지난 지금까지도 여전히 발굴 작업
중인 웅진 시대 초기의 왕궁 터로 추정되는 왕궁지, 조선
시대 인조가 잠시 머물렀던 것을 기념해 지은 것으로 알려진
쌍수정, 공산성의 상징이라 할 수 있는 금서루 등은 꼭 들러
보자. 전망대에 오르면 왕궁지와 공주 시가지, 금강이 한눈에
보인다.

ⓐ 충청남도 공주시 웅진로 280 ⓒ 041-856-7770 ⓞ 09:00~18:00
※30분 전 입장 마감 ⓦ 일반 1,200원, 통합권(공산성, 무령왕릉, 석정리박물관)
2,800원 ⓟ 가능 ⓥ 공주종합버스터미널 정류장에서 200번 버스 탑승 후
공산성 하차

먼저 무령왕릉 관광안내소에
들러 지도를 받은 뒤 둘러보는
것을 추천한다.

백제의 혼이 담긴 타임캡슐 송산리 고분군

사적 제13호로 백제 시대 왕과 왕족의 무덤 총 17기가 모여
있는 곳이다. 복원한 7기의 무덤 중 6기는 도굴되고 파손되어
주인을 알 수 없고 1971년에 공사 중 우연히 전혀 도굴되지
않은 상태로 발견된 무령왕릉에서는 약 2,900점에 달하는
백제 유물이 출토되었다. 화려하고 수준 높은 백제의 공예
기술을 엿볼 수 있는 무령왕릉 출토 유물은 국립공주박물관에
전시되어 있다. 무덤 안으로 들어가 볼 수는 없지만
무령왕릉과 5호분, 6호분을 정밀하게 재현한 모형 전시관을
만들어 왕릉 내부와 발견된 유물, 발굴 과정 등을 관람할 수
있다.

ⓐ 충청남도 공주시 왕릉로 37 ⓒ 041-856-3151 ⓞ 09:00~18:00 ※30분
전 입장 마감 ⓦ 일반 1,500원, 통합권(공산성, 무령왕릉, 석정리박물관)
2,800원 ⓟ 가능 ⓥ 공주종합버스터미널 정류장에서 101·125번 버스 탑승 후
문예회관·경찰서 하차

산속의 미술관
연미산자연미술공원

숲을 거닐며 예술 작품을 감상할 수 있는 공원이다. 2006년 금강자연미술비엔날레를 개최할 당시 전 세계 작가들이 연미산에 작품을 설치하면서 자연스럽게 산속 미술관이 되었다. 산속 이곳저곳에 넓게 흩어져 설치한 작품들은 주로 나무, 돌 등의 재료로 만들어 자연과 조화를 이룬다. 발길 닿는 대로 산책하듯이 숲을 걷다 보면 원래부터 그곳에 있었던 것처럼 위화감 없이 자리한 예술 작품을 만날 수 있다. 작품이 전시된 주변 환경도 작품의 일부가 되는 미술관이다. 미술관이라면 어렵고 딱딱한 곳이라 여겨 잘 찾지 않던 사람이라도 이곳에서라면 자연과 하나 된 작품을 가벼운 마음으로 즐길 수 있다. 공주의 마스코트인 곰을 주제로 한 작품을 찾아보면서 공주와 곰에 얽힌 설화를 상상해 보는 것도 재미있다.

🏠 충청남도 공주시 우성면 연미산고개길 98 📞 041-853-8838
🕐 3~10월 09:00~18:00, 11월 10:00~17:00 ※1시간 전 입장 마감
❌ 월요일, 12~2월 💰 5,000원
🌐 www.natureartbiennale.org
🅿 가능 🚌 공주종합버스터미널 정류장에서 740·741 버스 탑승 후 연미산 하차

할머니의 따뜻한 밥상 여러분 고맙습니다

할머니가 18년째 혼자 운영하는 곳으로 커다란 메뉴판이 간판을 대신한다. 가게 이름은 '여러분 고맙습니다'로 찾아와 주는 손님들에게 감사한 마음을 담아 지었다고 한다. 돈가스 하나를 주문하면 돈가스와 황태해장국 한 그릇, 뚝배기에 갓 지은 밥과 각종 밑반찬까지 푸짐하게 내주신다. 손수 담그신다는 김치는 따로 구입해 가는 손님이 있을 정도로 일품이다. "김치는 쪽쪽 찢어서 드셔. 그래야 맛나. 이 김도 내가 직접 구운 거니까 밥 따뜻할 때 싸서 드시고 반찬은 모자라면 얼마든지 더 줄게" 상다리가 부러지게 음식을 차려 주시고 새빨간 김치를 밥 위에 올려 주시던 돌아가신 할머니가 생각나는 따뜻한 밥상이었다.

⌂ 충청남도 공주시 제민천3길 86-1 ☎ 041-852-6595
⏱ 09:00~19:00 ※전날 전화로 예약하면 오전 9시 이전에 아침 식사
가능 Ⓟ 제민천 주변 이용 ⊕ 제민천

카페 같은 공간의 국밥집 가마솥국밥보쌈

가마솥국밥보쌈이 자리한 건물은 1987~2015년에 석화장이라는 여관으로 운영하던 곳이다. 이후 방치되었던 건물을 아들이 국밥집으로 바꾸어 재오픈했다. 고기국밥, 내장국밥, 얼큰국밥, 수육, 삼색순대 등이 대표 메뉴다. 여기에 비빔밥, 만둣국, 멸치국수까지 메뉴가 다양하다. 가마솥에 오랫동안 끓인 사골 육수는 잡내 없이 고소하고 진하다. 곁들여 먹는 무말랭이김치와 겉절이도 맛이 훌륭하다. 여관이었던 시절의 흔적이 가게 곳곳에 남아 있다. 부모님의 노고와 땀이 서린 공간을 물려받아 시간이 흘러도 변하지 않는 맛있는 국밥을 만들고픈 주인장의 마음이 느껴진다.

⌂ 충청남도 공주시 웅진로 145-10 ☎ 041-854-1515
⏱ 11:00~22:00 ✖ 월요일 Ⓟ 제민천 주변 이용 ⊕ 공주하숙마을

공산성이 한눈에 보이는 카페 공다방

바로 건너편에 자리한 공산성이 커다란 창 너머로 그림처럼
걸리는 전망 좋은 카페다. 환하게 불을 밝히는 공산성의
야경도 아름답다. 시간이 허락된다면 이곳 창가에 앉아
계절에 따라 변화하는 공산성의 모습을 모두 만나 보고
싶다. 나무와 돌, 식물 등 자연 소재로 꾸민 실내 공간 자체도
예쁘다. 음료 맛뿐 아니라 공간의 아름다움도 카페 선택의
기준이 되는 요즘, 많은 사람이 찾는 이유가 있는 곳이다.
직접 로스팅한 커피 맛도 훌륭하고, 구움과자 같은 디저트도
함께 판매한다. 전제척으로 가격대도 저렴한 편이어서
꾸준히 찾는 사람이 많다.

🏠 충청남도 공주시 백미고을길 5-3 📞 010-5344-3760
🕐 화~금요일 12:00~21:00, 토·일요일 11:00~22:00 ❌ 월요일
🅿 카페 뒤편 골목 이용 ➕ 공산성

녹차 향기로 가득한 피크닉

하동 차마실

차

피크닉

우리나라에서 차 재배를 가장 먼저 시작한 하동은 차의 고향이라 불린다. 서기 828년
당나라에 사신으로 갔던 김대렴이 차 종자를 가지고 돌아와 쌍계사 주변에 심은 것을
시초로 1,200여 년에 달하는 차의 역사와 문화가 이곳에 스며 있다. 하동의 녹차 생산량은
연간 1,220여 톤인데 이는 국내 녹차 생산량의 3분의 1에 달한다. 300여 개의 크고 작은
녹차밭이 곳곳에 자리해 일 년 내내 싱그럽고 향긋하다.

하동의 녹차를 조금 더 특별하게 경험할 수 있는 '차마실' 프로그램을 위해 이곳으로
향하는 버스에 올랐다. 창밖 풍경 속에 녹차밭이 하나둘씩 들어오는가 싶더니 이내
화개공영버스터미널에 도착했다. 사천이나 진주로 가는 버스가 잠시 들렀다 가는 작은
터미널인데 화개천과 산으로 둘러싸여 사뭇 정겨운 분위기다. 터미널 너머 산자락에
드문드문 보이는 녹차밭이 차의 고장에 왔음을 알려 준다.

이제 본격으로 차마실을 떠날 시간. 차마실은 하동 주민들이 공동으로 운영하는 공정 여행 협동조합 놀루와의 차 키트 대여 프로그램으로 피크닉 바구니와 매트, 다기 세트, 차, 찻물, 다식 등이 포함되어 있다. 피크닉 바구니를 받아 들고 설레는 마음으로 경치가 아름답기로 유명한 정금다원으로 향했다. 탁 트인 지리산 풍경과 싱그러운 차밭을 벗 삼아 즐기는 나만의 느긋하고 향긋한 티타임. 차 한 모금에 따뜻한 기운이 온몸으로 퍼지고 마음은 이내 평온해진다. 나를 위해 정성껏 차를 내리고 지리산과 눈 맞추며 보낸 평화로운 시간은 내 삶 속으로 스며들어 기억 속에 오래도록 진하게 남을 것만 같다.

- ☎ 055-883-6544
- ⏱ 10:00~18:00
- ✕ 명절 연휴
- Ⓦ 차마실 키트 1개 20,000원 (최대 4인 이용 가능)
- @ www.nolluwa.co.kr
- Ⓟ 주변 길가 이용

- 📍 대중교통 이용 불가 ※차마실 키트 대여 장소와 피크닉을 즐기는 차밭은 대중교통으로 찾아가기 힘드니 자동차 또는 하동의 콜택시(055-882-1111, 055-883-1111) 이용
- 🚩 매암제다원 → 화개장터 → 하동 차마실 → 십리벚꽃길 → 쌍계사

사전 예약은 놀루와 협동조합으로 하면 되며 네이버로도 가능하다. 당일 예약은 전화로 문의한다. 키트 대여 장소는 예약 후 문자로 전송해 준다. 지정된 농가에서 키트를 대여하면 날씨, 인원, 차량 여부 등에 따라 이용 가능한 주변 차밭으로 안내해 준다.

하동에는 화개공영버스터미널과 하동버스터미널, 2개의 터미널이 있다. 식당과 찻집, 다원, 쌍계사, 십리벚꽃길 등으로 가려면 화개공영버스터미널을 이용하는 것이 좋다.

SNS를 뜨겁게 달군 그곳
매암제다원

⌂ 경상남도 하동군 악양면 악양서로
346-1 ☎ 055-883-3500
⏰ 10:00~18:00 ✕ 일요일
🌐 gjfmc.or.kr
🅿 인근 공영 주차장 이용
📍 화개공영버스터미널 정류장에서
3·4·5·7번 버스 탑승 후 악양 하차

1968년부터 3대째 차를 덖어 온 다원으로 SNS에 검색하면 수만 개의 인증 사진이 뜨는 하동의 필수 여행지다. 이곳이 유명한 이유는 연둣빛 차밭과 향긋한 차향 그리고 다원 입구의 운치 있는 목조 건물 때문이다. 조선총독부 산림국 산하 임업시험장 관사였다가 해방 후 다원 소유가 된 건물로 95년의 세월을 버틴 적산 가옥이다. 건물 내부는 차 박물관으로 활용하고 있다. 마루에서 바라보는 차밭과 지리산 풍경이 아름다워 인증 사진 명소가 되었고, 이 사진에 홀려 전국의 사람들이 방문한다. 다원 안쪽의 매암다방에서 음료를 주문하면 차밭과 박물관을 무료로 둘러볼 수 있다.

하동의 수많은 다원 중에서 어디로 가야 할지 고민이라면 'OO제다' 또는 'OO제다원'이라는 이름이 붙은 곳을 찾아가면 된다. '제다製茶'는 찻잎을 따고 씻고 말리고 덖는 등 여러 공정을 거쳐 차를 만들어 내는 과정을 의미하므로 이름에 제다가 들어가 있으면 그곳에서 직접 재배해 만든 차를 맛볼 수 있다.

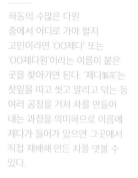

258

대한민국 차의 뿌리
쌍계사

🏠 경상남도 하동군 화개면 쌍계사길
59 📞 055-883-1901
🕐 08:00~17:30 💰 2,500원
🅿 가능 🚌 화개공영버스터미널
정류장에서 3·4·5·7·8번 버스 탑승
후 쌍계사입구 하차, 도보 12분

무성한 벚나무가 만들어 낸 초록의 터널을 지나면 두 계곡이
만나는 자리에 위치한다는 의미의 이름을 가진 지리산
쌍계사에 닿는다. 쌍계사는 724년 신라 성덕왕 때 지은 사찰로
오랜 역사를 자랑한다. 신라 문장가 최치원이 직접 글을 짓고
쓴 국보 제47호인 진감선사탑비를 볼 수 있다. 당나라에서
가져온 차 종자를 심어 우리나라 최초로 차 재배에 성공한
곳으로도 유명하다. 오늘의 하동이 차의 본향이라 불리며
유명해진 이유를 거슬러 올라가면 그 시작에는 바로 이곳
쌍계사가 있다고 할 수 있을 정도로 차와 인연이 깊다. 산속에
자리한 사찰의 풍광도 아름다워 쌍계사의 가을은 하동 8경 중
하나로 꼽는다.

4월의 크리스마스 십리벚꽃길

일제강점기인 1931년에 만들어진 곳으로
화개공영버스터미널에서 쌍계사에 이르는 약
4km의 도로를 말한다. 양쪽으로 늘어선 약
1,200그루의 벚나무 꽃이 만개하는 봄이 되면
벚꽃잎이 눈발처럼 흩날리는 황홀하고 낭만적인
길이 된다. 사랑하는 연인이 이 길을 함께
걸으면 사랑이 이루어지고 영원히 헤어지지
않는다고 하여 혼례길이라 불리기도 한다.
바람에 흩날리는 벚꽃잎을 두 손으로 받으면
행운이 찾아온다는 이야기도 전해진다. 벚꽃이
만개하는 봄, 초록의 벚나무 터널이 만들어지는
여름, 단풍이 물드는 가을, 하얀 눈이 내려앉는
겨울까지 사시사철 아름답다.

ⓐ 화개공영버스터미널에서 쌍계사에 이르는 화개로 일대
ⓟ 인근 공영 주차장 이용 ⓠ 화개공영버스터미널 바로 앞

전라도와 경상도를 가로지르는 화개장터

익숙한 노랫말처럼 화개장터는 전라도와 경상도를
가로지르는 섬진강 바로 옆에 있는 시장이다. 예전에는
닷새마다 열리는 오일장이었지만 지금은 어느 관광지에서나
볼 수 있는 특산물 장터가 되었다. 구례와 하동에서
생산되는 특산물을 파는 상점과 간단한 먹거리를 파는 곳이
대부분이다. 관광객을 대상으로 하는 시장이라 판매하는
품목이 다양하지 않고 볼거리가 다소 부족한 점은 아쉽지만
하동의 상징 같은 곳이니 가벼운 마음으로 둘러보자.

ⓐ 경상남도 하동군 화개면 쌍계로 15 ☎ 055-883-5722 ⓟ 가능
ⓠ 화개공영버스터미널에서 도보 5분

하동을 담은 스파게티 **벚꽃경양식**

화개공영버스터미널 바로 옆에 자리한 식당으로 수제 돈가스,
햄버그스테이크, 파스타 등을 낸다. 추천하는 메뉴는 섬진강 재첩을
듬뿍 넣어 감칠맛이 나는 섬진강봉골레스파게티와 하동에서 자란 찻잎
향을 느낄 수 있는 야생녹차크림스파게티다. 하동 여행의 기점이 되는
화개공영버스터미널 바로 옆에 있으니 여행을 시작하거나 마무리할 때 들러
든든하게 배를 채우기 좋다.

📍 경상남도 하동군 화개면 화개로 18-4 📞 055-883-4007 🕐 11:30~15:00, 17:00~21:00 ❌ 수요일
🅿 화개천 옆 공영 주차장 이용 ➕ 화개장터

하동 차의 모든 것 **쌍계명차**

대한민국식품명인 제28호 김동곤 차 명인이 운영하는 곳으로 1층은
카페, 2층은 카페 겸 박물관이다. 1층과 2층을 넓게 연결하는 계단식
좌석은 신발을 벗고 앉는 좌식 스타일이다. 전체적으로 편안한 분위기의
공간이어서 그런지 이곳에서 마시는 차가 더욱 따스하게 느껴진다.
알록달록한 색상으로 포장한 다양한 종류의 차와 단아한 느낌의 다기류,
찻숟가락, 받침대 등 차와 관련한 용품을 구경하는 재미도 쏠쏠하다.

📍 경상남도 하동군 화개면 화개로 30 📞 055-883-2440 🕐 09:00~20:00(18:00 주문 마감)
🅿 건물 옆과 맞은편 주차장 이용 ➕ 십리벚꽃길

벚꽃과 함께 커피를 **더로드101**

쌍계사와 십리벚꽃길을 찾는 사람들이 필수 코스처럼 들르는 베이커리
카페다. 하동을 대표하는 인기 카페 중 하나로 드넓은 정원과 탁 트인
전망, 연못이 있는 실내 등 매력적인 요소가 많아 모두에게 사랑받는다.
십리벚꽃길 바로 옆에 자리해 접근성이 좋은 것도 장점이다. 벚꽃이
만개하는 봄에는 야외에 앉아 흩날리는 벚꽃잎을 바라보며 휴식을 즐길 수
있다. 하동 녹차를 개어 만든 지리산라테와 매장에서 직접 굽는 마들렌이 대표 메뉴다.

📍 경상남도 하동군 화개면 화개로 357 📞 070-4458-4650 🕐 10:00~20:00 🅿 가능 ➕ 십리벚꽃길

261

디지털 자연과의 생생한 만남

제주 아르떼뮤지엄

전시 ∅

미디어 아트 ∅

2020년 여름, 코엑스의 케이팝 스퀘어에 등장한 미디어 아트 작품 〈웨이브Wave〉는 신선한 충격이었다. 거대한 유리 상자 안에서 끊임없이 파도가 밀려오고 부서지는 영상은 실제보다도 더 실제 같아서 한동안 넋을 잃고 바라보았다. 서울 강남 한복판에서 이렇게 생생한 파도를 감상할 수 있다니, 시간과 공간의 경계가 허물어진 제3의 세계로 순간 이동한 것 같은 착각마저 들었다.

케이팝 스퀘어에 〈웨이브〉를 선보이며 전 세계에 신선한 충격을 던진 디지털 디자인 컴퍼니 디스트릭트d'strict는 서울 소격동 국제갤러리에서 미디어 아트 전시를 연 뒤 제주시 애월에 상설 전시관을 열었다. 면적 약 4,600m², 높이 10m 규모의 아르떼뮤지엄은 시공을 초월한 자연을 콘셉트로 한 미디어 아트 작품을 전시하는 몰입형 전시관이다. 특유의 강렬한 색채와 역동적인 움직임을 보여 주는 미디어 아트 작품에, 그래미 어워드를 수상한 황병준 대표의 감각적인 사운드와 프랑스의 조향 스쿨 GIP에서 조향한 은은한 향기가 더해져 전시의 몰입도를 높인다. 가든, 플라워, 비치, 워터폴, 웨이브, 웜홀, 스타, 문, 나이트 사파리, 정글 등 총 열 가지 주제의 작품을 10개의 전시 공간에 나누어 전시한다. 작품 전체를 관람하는 데는 2시간 정도 걸리는데 전시 작품이 끊임없이 변화하고 몰입도도 매우 높은 편이라 천천히 감상하다 보면 훨씬 더 오래 머무르게 될지도 모른다.

오후 2~5시는 관람객이 가장 많은 시간으로 몰입도가 떨어질 수 있다. 최대한 몰입하며 작품을 감상하고 사진을 찍으려면 혼잡한 시간은 피하는 것이 좋다.

- 📍 제주도 제주시 애월읍 어림비로 478
- 📞 064-799-9009
- 🕐 10:00~20:00
  ※1시간 전 입장 마감
- 💰 일반 17,000원,
  패키지(전시+티 1잔) 20,000원
- 🌐 artemuseum.com
- 🅿 가능

- 📍 제주시버스터미널 정류장에서 291번 버스 탑승 후 어음2리 하차, 도보 15분
- ⬆ 아르떼뮤지엄 → 오설록 티스톤 → 협재해수욕장 → 한담해안산책로

한걸음 더

마냥 걷고 싶은 길
한담해안산책로

애월리에서 곽지리까지 바닷가를 따라 구불구불하게 이어진 총 1.2km의 산책로다. 제주시에서 최대한 바다와 가깝게 조성한 길로 평탄하고 깨끗하게 정비되어 누구나 편하게 걸을 수 있다. 제주시의 유명 관광지가 아닌 숨은 여행지를 선정해 발표한 '제주시 숨은 비경 31' 중 하나로 꼽힌 아름다운 곳이다. 한담해안산책로를 제대로 즐기는 방법은 느리게 걷기다. 산책로를 걷다 보면 중간중간 숨어 있는 아담한 모래사장과 바다를 바라보며 '바다멍'을 즐길 수 있는 너른 바위도 만날 수 있다.

그뿐만이 아니다. 제주시 서쪽 끝에 자리해 해 질 무렵이면 시시각각 황홀한 풍경을 보여 주는 일몰을 감상할 수 있다. 맑고 푸른 제주 바다를 친구 삼아 느리게 걷다 보면 길이 끝나는 것이 아쉬울 만큼 한담해안산책로의 매력에 푹 빠지게 된다. 길 끝에 모여 있는 예쁜 카페에서 커피 한잔과 함께 바다 산책을 마무리하면 완벽하다.

ⓐ 제주도 제주시 애월읍 곽지리 1359 ℗ 가능
ⓞ 제주시버스터미널 정류장에서 202번 버스 탑승 후 한담동 하차, 도보 8분

신비로운 물빛
협재해수욕장

🔼 제주도 제주시 한림읍 한림로
329-10 🅿 가능
📍 제주시버스터미널 정류장에서
202번 버스 탑승 후 협재해수욕장
하차

제주를 대표하는 협재해수욕장은 유난히 물빛이 아름답다. 투명하게 모래알이 비치는 것에서 시작해 옥빛으로 물들었다가 저 멀리 검푸른 빛으로 변하는 물빛은 마치 먼 이국의 휴양지에 온 것 같은 착각에 빠질 만큼 아름답고 신비롭다. 바라보고만 있어도 머릿속까지 맑아지는 듯해 하염없이 바라보게 되는 바다다. 수심이 얕아 발을 적시며 걷기에도 좋고 눈앞에 보이는 바위에 걸터앉아 잠시 쉬어 가기에도 좋다. 바다 건너 홀로 고요히 떠 있는 비양도가 협재 바다 풍경의 매력을 더한다. 워낙 유명한 관광지여서 고요함을 즐기기에는 어렵지만 바다와 더불어 이곳에서 시간을 보내는 사람들을 구경하는 재미도 크다. 협재해수욕장 주변으로 유명 맛집과 카페도 많다.

차茶의 시간
오설록 티스톤

📍 제주도 서귀포시 안덕면
신화역사로 15 📞 064-794-5312
💰 48,000원
🌐 www.osulloc.com/kr/ko/museum/
teastone 🅿 가능
🚌 제주시버스터미널 정류장에서
151번 버스 탑승 후 오설록 하차

제주를 여행하는 사람 중에 오설록 티뮤지엄을 모르는 사람은 거의 없을 것이다. 그러나 이곳에서 티 클래스를 진행한다는 사실은 모르는 사람이 많다. 티스톤은 차 문화 체험 공간으로 오설록 티뮤지엄과 분리되어 있으며 티 클래스를 예약한 사람만 들어갈 수 있다. 통 유리를 통해 제주 곶자왈의 풍경을 보며 향긋한 티타임을 즐긴다. 티타임을 여러 번에 걸쳐 갖는데 녹차부터 시작해 발효차, 홍차의 순서로 차와 어울리는 다과와 페어링해 제공한다. 80분 동안 제주와 차에 대한 이야기를 듣고, 다도를 배우며 유익한 시간을 보낸다. 차를 우려내는 과정은 조금은 느리고 번거롭지만, 따뜻한 조명 아래서 차향을 맡으며 차분하게 보내는 시간은 바쁜 일상 속에서 지친 몸과 마음을 달래 준다. 충분히 기다리며 진득하게 우려낸 차는 시간을 머금어 훨씬 더 향긋하고 진하게 본연의 맛을 낸다.

제주에서 만난 런던의 맛 **카페태희**

곽지해수욕장을 향해 있는 카페태희는 클럽메드 셰프였던 주인장이
호주인 아내와 함께 제주에 내려와 차린 작은 카페 겸 식당이다.
대표 메뉴는 피시앤칩스와 치즈버거. 그리고 제주도에서 흔히 볼
수 없는 세계 여러 나라의 맥주로 커다란 냉장고 4개를 꽉꽉 채웠다.
곽지해수욕장이 보이는 창가에 앉아 먹은 피시앤칩스는 런던에서 먹었던
것보다 훨씬 맛있었다. 날씨가 좋은 날에는 포장해 가서 해변에 앉아 즐기는 것도 좋다.

🏠 제주도 제주시 애월읍 곽지3길 27 📞 064-799-5533 🕐 10:00~20:00 🅿 곽지해수욕장 주차장 이용
➕ 한담해안산책로

제주 바다를 닮은 공간 **피즈**

파란색으로 물들인 모던한 공간으로 제주 바다를 닮고 싶은
마음을 담은 수제 버거집이다. 메뉴판과 테이블, 햄버거 케이스,
캐릭터까지 온통 제주 바다를 닮은 파란색으로 물들어 있다. '피즈'라는
이름은 탄산음료 캔을 딸 때 나는 소리를 뜻하는 단어 'Fizz'에서 따왔다.
시그니처 메뉴 이름도 피즈 버거. 앞 주차장이 매우 협소하므로 근처 공영
주차장이나 한담공원 주차장을 이용하는 것이 편하다. 노형동에도 지점이 있다.

🏠 제주시 애월읍 애월로 29(애월점) 📞 0507-1348-5148 🕐 10:00~19:30 🅿 가능 ➕ 제주시버스터미널 정류장에서
202번 버스 탑승 후 한담동 하차, 도보 2분

마음의 평화를 찾는 시간 **카페닐스**

원래 금능해수욕장 근처에서 오래된 주택을 개조해 영업하다가
일주서로 대로변으로 터전을 옮겨 재오픈한 조용한 카페다. 이전하기
전 시절부터 이곳으로 옮긴 지금까지 변하지 않은 것은 특유의
편안함과 평화로움이다. 커피머신을 사용하지 않고 핸드 드립으로만
커피를 내려 시끄러운 기계 소리가 들리지 않고 조용한 것도 장점이다.
창문을 향해 길게 바 테이블을 배치해 혼자인 손님도 편안하게 쉬어 갈 수 있다.
홀로 책을 읽으며 커피를 즐기는 손님이 많은 것도 이곳만의 특징이다.

🏠 제주도 제주시 한림읍 일주서로 5153 📞 064-796-1287 🕐 10:00~18:00 🅿 가능 ➕ 협재해수욕장

Index